设计必修课

室内色彩与图案设计

王艳 主编

U0301122

化学工业出版社

·北 京·

编写人员名单：（排名不分先后）

王 艳	李小丽	王 军	李子奇	于兆山	蔡志宏	刘彦萍	张志贵
刘 杰	李四磊	孙银青	肖冠军	王 勇	梁 越	安 平	马禾午
谢永亮	李 广	黄 肖	邓毅丰	孙 盼	张 娟	李 峰	余素云
周 彦	邓丽娜	杨 柳	穆佳宏	张 蕾	刘团团	陈思彤	赵莉娟
祝新云	潘振伟	王效孟	赵芳节	王 庶	王力宇	叶 萍	

图书在版编目（CIP）数据

设计必修课. 室内色彩与图案设计 / 王艳主编. —北京：化学工业出版社，2019.3
ISBN 978-7-122-33764-1

Ⅰ．①设… Ⅱ．①王… Ⅲ．①室内色彩—室内装饰设计 Ⅳ．①TU238.2

中国版本图书馆CIP数据核字 (2019) 第 011947 号

责任编辑：王 斌 孙晓梅　　　　　　　　装帧设计：尹琳琳
责任校对：边 涛

出版发行：化学工业出版社（北京市东城区青年湖南街13号　邮政编码100011）
印　　装：中煤（北京）印务有限公司
710mm×1000mm　1/16　印张13　字数330千字　2019年3月北京第1版第1次印刷

购书咨询：010-64518888　　　　　　　　售后服务：010-64518899
网　　址：http://www.cip.com.cn

定　　价：68.00元　　　　　　　　　　版权所有　违者必究

前言

PREFACE

　　家居的色彩和图案设计对于每一个设计师来说，属于必备的专业技能之一。但由于色彩和图案的体系都非常庞大，且需要将两者组合起来理解，更增加了难度，因此设计师不仅需要对两种元素各自的体系有所了解，还需要对两者组合以后对室内设计产生的影响有所了解，才能更好地完成设计作品，满足客户的需求。

　　本书由"理想·宅 Ideal Home"精心策划，由吉林艺术学院环境设计系王艳老师主编。书中内容全面整合了室内色彩设计和图案设计的基础知识和应用知识，力求将色彩和图案这两种设计元素讲解得细致、到位。本书从色彩和图案的概论开始，之后又将两者组合后对室内空间界面、软装饰、风格等方面的影响进行分析，由点到面、由浅至深地对色彩和图案进行层层递进式解析，帮助读者深度了解两者理论及实践应用等方面的内容，循序渐进地掌握色彩和图案设计的要点。

　　同时，书中还选取了大量精美的设计案例图片和色块解析，辅助文字讲解，方便读者直观地感受色彩和图案的设计知识；也选取了整套的设计案例，为读者提供全局性的设计方案。

目录
CONTENTS

057 第三章 室内元素与色彩、图案设计

063 第四章 住宅空间的色彩与图案设计

175 第五章　商业空间的色彩与图案设计

室内色彩与图案概论　第一章

想要熟练地运用色彩和图案来美化室内空间，首先应了解色彩和图案的基础知识，包括它们的定义、种类、发展历史、流派等。只有筑建好坚实的基础，才能更好地将两者结合运用，以提高室内空间的品位及格调。

扫码下载本章课件

一、室内色彩概论

学习目标	本小节重点讲解色彩的概念及其三种属性。
学习重点	了解色彩的不同属性对室内配色设计效果的影响。

1. 色彩的构成与属性

(1) 色彩的构成

　　1666 年，英国科学家牛顿设计并进行了色散实验，证明了色彩是以色光为主体的客观存在。色彩有三种构成因素：光、物体和眼睛。从概念上讲，色彩是光从物体反射到人的眼睛所引起的一种视觉心理感受。

　　人眼能够感受到的色彩是丰富多样的，但并非无规律可循，色彩可以分成两个大的种类：无彩色系和有彩色系。

色彩种类

有彩色系
※ 可分为原色、间色、复色等
※ 根据心理作用可分为冷色和暖色
※ 有色相、纯度、明度三个属性

无彩色系
※ 包括白色、黑色和黑白调和的灰色
※ 色相和纯度属性为 0
※ 只有明度变化

∧ 有彩色系丰富多彩，用不同的有彩色装饰居室可给人不同的心理感受

∧ 无彩色系色彩较少，却是室内设计不可缺少的一类色彩

（2）色彩的属性

有彩色包括可见光谱的中的全部色彩，以红、橙、黄、绿、青、蓝、紫为基本色，通过基本色间不同量的混合，以及基本色与黑、白、灰之间不同量的混合，形成五彩缤纷的色彩。任何有彩色都具备三个基本特征：色相、纯度、明度，在色彩学上，称为色彩的三属性、三要素或三特征。

● 色相：有彩色的最大特征，指色彩所呈现出来的相貌。人们称呼色彩时使用的名称就是色相，如紫红、橘黄、群青、翠绿等。从光学物理上讲，各种色相是由射入人眼的光线的光谱成分决定的。为了更直观地表现色相之间的关系，色彩学家按照光谱中色相出现的顺序将它们归纳成了环形，即色相环，也称为色环。

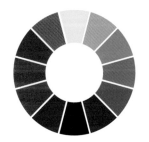
12 色标准色色相环

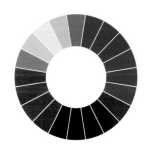
孟塞尔 20 色标准色色相环

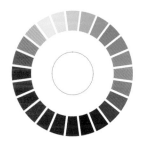
奥斯特瓦尔德 24 色标准色色相环

链接

色相环的构成

色相环是以红、黄、蓝这三种色相为基础构成的。这三种色相不能够通过任何方式合成，因此称为原色；将原色分别两两混合后，会得到橙色、绿色、紫色，称为间色或二次色；将原色和间色混合后得到的 6 种颜色，称为复色或三次色。这十二种颜色即是所有色相的基础。

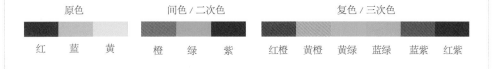

原色			间色 / 二次色			复色 / 三次色					
红	蓝	黄	橙	绿	紫	红橙	黄橙	黄绿	蓝绿	蓝紫	红紫

● 纯度：纯度是指色彩的纯净程度，也称为艳度、彩度、鲜度或饱和度，是色彩鲜艳程度的判断标准。纯度表现的是一种色彩中所含有色成分的比例，比例越大，纯度越高；比例越小，纯度越低。不掺杂其他任何色彩的色相，被称为纯色，纯度最高。

不同色相的纯度变化　　　　　　　　　　　同色相的纯度变化

∧不同色相相比较，原色的纯度最高，间色次之，复色最低；同色相比较，纯色的纯度最高

● 明度：明度表示的是色彩的明暗程度。色相和纯度都需要依赖一定的明暗才能显示出来，可以说明度是色彩的骨骼。无彩色中，黑色明度最低，白色明度最高，灰色居中，变化最多。有彩色系的色彩明度差别包括两个方面：一是某一色相的深浅变化，如浅红、大红、深红，均为同一种色相，但越来越暗；二是不同色相间之间的明度差，如黄色明度最高，紫色明度最低。

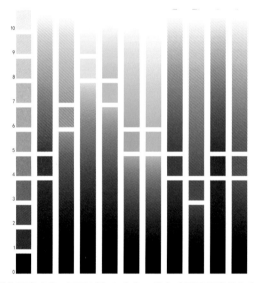

∧从图中可看出，色彩的明度变化，可通过加入白色、黑色或不同明度的灰色来调和。左侧的无彩色系色块代表了无彩色系的明度10级变化，右侧的彩色与其层级对应。每个彩色明度条中较短的色块代表着该色的最高纯度，通过对比可以发现，相同纯度的彩色，明度存在差别

配色实战解析

　　有色物体色彩的纯度还受其表面结构影响。如果物体表面粗糙，漫反射作用将使色彩的纯度降低；如果物体表面光滑，全反射作用将使色彩显得比较鲜艳。在实际应用时，可以利用这一关系，来调节色彩的纯度或增加整体配色的层次感。例如，想要在室内加入面积较大的正红色，可以选择粗糙一些的材质呈现，以降低刺激感；或当一种颜色用于多处位置时，搭配多种材质来增加层次感。

（3）有彩色的分类

●暖色：人们见到红、红橙、橙、黄橙、红紫等色彩后，会联想到太阳、火焰、热血等事物，从而产生温暖、热烈、危险等感觉，因此将此类色彩称为暖色。

∧以暖色为主装饰室内空间，能够塑造出或温暖或热烈的整体氛围

●冷色：人们见到蓝、蓝紫、蓝绿等色后，很容易联想到天空、冰雪、海洋等物象，从而产生寒冷、理智、平静等感觉，因此将此类色彩称为冷色。

∧以冷色为主装饰室内空间，能够塑造出或清新或平静的整体氛围

●中性色：除了暖色和冷色外，还有一些色彩既不让人感觉冷也不让人感觉温暖，人们将此类色彩称为中性色，有彩色中的中性色为紫、绿等。

∧以中性色中的绿色为主装饰室内空间，既无冷感也无温暖感

2. 常见的色彩意义

(1) 红色

红色的波长最长，穿透力强，所以感知度高。人们看到红色会联想到太阳、火焰、花卉等。红色具有温暖、兴奋、活泼、热情、积极、希望、忠诚、健康、充实、饱满、幸福等象征意义。红色在中国还是代表喜庆的颜色。

空间配色宜忌

✔ 红色很适合用来表现喜庆的氛围、活泼感，同时还具有时尚气质。红色与浅黄色搭配最协调，与奶黄色、灰色为中性搭配。

✘ 纯红色具有高刺激性，不宜大面积使用，且不适合暴躁易怒的人群。它还与绿色、橙色、蓝色相斥，忌等面积组合。

(2) 黄色

黄色是有彩色中明度最高的色彩，因此其明视度和注目性高。黄色具有光明、迅速、活泼、轻快、明朗、快活、自信、希望、高贵等象征意义。

空间配色宜忌

✔ 黄色具有刺激食欲、激发创作灵感以及提亮空间的作用，很适合装饰餐厅、书房和阴暗的房间。黄色与绿色组合搭配，会显得很有朝气和活力；黄色与蓝色相配，显得美丽、清新。

✘ 纯黄色使用时应注意面积的控制，否则容易让人产生刺激、苦闷、压抑等情绪。

(3) 橙色

橙色的刺激性没有红色大，但其视认性、注目性也很高，既有红色的热情，又有黄色的光明和活泼，具有光明、温暖、华丽、甜蜜、喜欢、兴奋、喜庆、富贵等象征意义。

空间配色宜忌

✔ 橙色同样有刺激食欲的作用，也适合用来表现喜庆氛围和富贵感。橙色与浅绿色或浅蓝色相配，可以构成最明亮、最欢乐的效果；与淡黄色相配有一种很舒服的过渡感。

✘ 纯橙色同样具有刺激性，不适合大面积装饰墙面。橙色较忌与紫色或深蓝色相配，否则会给人一种不干净、晦涩的感觉。

（4）蓝色

蓝色对视觉器官的刺激比较弱，当人们看到蓝色时，情绪会比较安宁、冷静。蓝色具有沉静、永恒、清爽、悠久、可靠、真理、保守、严肃、理性、冷静等象征意义。

✔ 蓝色可以使人冷静，非常适合情绪暴躁的人群以及常年炎热的区域。不同的蓝色与白色相配，表现出明朗、清爽与洁净；蓝色与黄色相配，对比度大，较为明快。

✘ 采光不佳的空间不适合大面积使用暗沉的蓝色装饰墙面，否则容易让人感觉阴郁、不积极。

（5）绿色

绿色观感舒适、温和，常令人联想起葱翠的森林、草坪等自然事物，具有自然、新鲜、平静、安逸、安心、和平、可靠、理智、纯朴等象征意义。

✔ 绿色宽容、大度，几乎能容纳所有的颜色，具有缓解视觉疲劳的作用，很适合装饰书房。

✘ 与红色、紫色等组合时，忌面积均等，否则容易让人感觉不舒服。

（6）青色

青色是绿色和蓝色的复合色，可以理解成偏蓝的绿色或偏绿的蓝色，清爽而不单调，具有坚强、希望、古朴、庄重、亲切、朴实、乐观、柔和、沉静、优雅等象征意义。

✔ 适合追求和平、安定生活氛围的人群，还能够表现善良的性情特点。青色是较为百搭的色彩，无论与什么色彩放在一起，都别有一番风情。

✘ 采光不佳的房间内，忌使用明度过低的青色，否则容易显得压抑。

（7）紫色

紫色是蓝色和红色的复合色，是女性的代表色，具有神秘、高贵、优美、庄重、奢华的气质，有时也会让人感觉孤寂、消极。

空间配色宜忌

✔ 紫色具有浓郁的女性特质，同时也可用来表现高贵、优雅的氛围。做色彩搭配时，可适量搭配对比色来避免消极感。

✘ 紫色加入黑色或灰色调和后，易使人产生负面情绪，忌大面积使用。

（8）粉红色

粉红色也是属于女性的代表色，还带有一些时尚感和活泼感，具有浪漫、可爱、娇柔、温馨、甜美、娇嫩、青春、明快、纯真、温柔等象征意义。

空间配色宜忌

✔ 粉红色搭配白色能够表现出浓郁的甜美感和纯真感；搭配类似明度的蓝色、绿色、黄色等，可渲染出童话氛围。

✘ 低明度且低纯度的粉色容易显得"脏"，不适合大面积使用，可少量使用，调节层次。

（9）褐色

褐色亦称棕色、赭色、咖啡色、啡色、茶色等，是处于红色和黄色之间的任何一种颜色。很多土地都是褐色的，因此也称之为大地色。褐色具有稳定、可靠、亲和力等象征意义。

空间配色宜忌

✔ 褐色几乎和所有颜色搭在一起都不会觉得突兀，但当使用面积较大时，宜搭配亮色调和。绿色、银灰色、紫色这三种颜色非常适合与褐色搭配。

✘ 褐色忌遍布空间各处，否则容易使人感觉沉闷。

（10）白色

白色是明度最高的颜色，常给人以光明、纯真、高尚、恬静等感觉，具有明亮、干净、畅快、朴素、雅致、贞洁、高级、科技等象征意义。

✔ 白色适合与任何颜色组合，在其衬托下，其他颜色会显得更加鲜亮、明朗。在设计中，可以将白色调和成乳白、亚麻白、米白、珍珠白、象牙白等来使用。

✘ 白色忌单独且大面积地使用，否则会让空间显得乏味而缺乏情趣。

（11）黑色

黑色的明度最低，和白色相比，给人以暖的感觉，具有神秘、深沉、寂静、坚硬、沉默、绝望、悲哀、严肃等象征意义。

✔ 黑色与其他颜色配合时均能取得很好的效果，无论什么色彩，特别是鲜艳的纯色，与黑色相配，都能取得赏心悦目的良好效果。

✘ 黑色不能大面积地使用，否则会产生压抑、阴沉的恐怖感。

（12）灰色

灰色是最被动的色彩，也是彻底的中性色。当它靠近鲜艳的暖色，表现出偏冷的感觉；靠近冷色，又表现偏暖的感觉。灰色具有柔和、细致、平稳、朴素、理智、谦让等象征意义。

✔ 灰色可用来渲染时尚感和都市感，可与任何色彩组合。它不会明显影响其他色彩，是非常理想的背景色彩。

✘ 灰色不能单独大面积使用，否则会让人感觉缺乏人情味。

3. 色彩与室内设计的关系

　　当人进入某个空间的最初几秒钟内，产生的印象中有 75％ 是对色彩的感觉，然后才会去理解形体，也就是说，室内色彩设计对视觉的冲击力和感染力要高于室内物体的造型设计。在室内设计中，只有合理地运用色彩，才能够创造出愉悦、舒适的环境，营造出美妙的氛围。色彩被称作室内设计的"灵魂"。成功的色彩设计既能满足大众的审美要求又是居住者的个性表达，它是室内设计中最为生动、最为活跃的因素，具有举足轻重的地位。

色彩在室内设计中的作用		
	调节空间	改善不良尺度或比例
	调节心理	刺激心理及生理需求
	调节氛围	改变室内的整体氛围
	调节温感	改变人对温度的感受
	调节光线	调节室内光线的强弱
	体现个性	体现使用者的个性

（1）调节空间

色彩对人的视觉效应和心理影响不仅包括冷暖感，还包括前进感和后退感、膨胀感和收缩感、轻感和重感等，利用色彩的这些特征，能够在一定程度上改善室内建筑结构的不良尺度。

色彩的视觉效应	色彩特征
前进和后退	◎ 前进色：低明度、高纯度、暖色相 ◎ 后退色：高明度、低纯度、冷色相
膨胀和收缩	◎ 膨胀色：高明度、高纯度、暖色相 ◎ 收缩色：低明度、低纯度、冷色相
轻、重	◎ 前进色：高明度、高纯度、同色调暖色相 ◎ 后退色：低明度、低纯度、同色调冷色相

配色实战解析

　　狭窄的空间，使用收缩色可以变得宽敞；空旷的空间，可以用膨胀色来减弱寂寥感。墙面过大时宜采用收缩色；墙面过小时宜采用膨胀色。柱子过细时，宜用膨胀色；柱子过粗时，宜用收缩色。

　　细长的空间中的两侧墙面选择后退色，尽头墙面选择前进，空间就会让人从心理上感到更接近方形。

　　低矮的空间，顶面使用轻色，地面使用重色，可以让空间看起来更高一些。

∧小面积空间，一面墙使用后退色可使其变得宽敞；高度低的空间天花使用轻色，地面使用重色，可增加房高

(2) 调节心理

色彩可以刺激人的心理以及生理需求，如果使用了过多的高纯度的色相，会使人感觉过分刺激而容易烦躁；而过少的色彩，又会使人感到空虚、寂寞。因此，室内色彩要根据使用者的性格、年龄、性别、职业和生活环境等，设计出各自适合的色彩，才能满足视觉和精神上的双重需求，还宜根据各空间的功能进行合理配色，以起到调整心理平衡的作用。

> 儿童的天性是比较活泼、天真的，使用多色相组合较符合儿童的心理

(3) 调节氛围

室内设计总的来说可分为硬装和软装两部分。硬装的色彩不便改动，可选择具有平和感的色彩，避免刺激人的心理和生理，奠定一个舒适的整体氛围。而在遇到节日或其他纪念日等需改变氛围的时候，可通过改变软装的色彩来烘托气氛，调节室内整体氛围。

> 圣诞节使用一些红色的软装，可以烘托出具有热闹感的节日氛围

(4) 调节温感

室内温度的感觉会随着不同颜色搭配方式而发生改变。调节温感主要靠的是色彩的冷暖感觉，寒冷的地区可选择红、黄等色相，明度可以略低，纯度可相对高一些；温暖地区可以选择蓝绿、蓝、蓝紫等颜色，其明度可相对高一些，但纯度需降低。同理，光照充足的房间可以冷色为主，光照少的房间可以暖色为主。但是，气候是循环变化的，因此要根据所在地区的常态来选择合适的色彩方案。

∧ 较为炎热的地区或光照特别足的房间，可使用冷色为主色，来调节温感

（5）调节光线

色彩可以调节室内光线的强弱。各种色彩都有不同的反射率，如白色的反射率为70%～90%，灰色在10%～70%之间，黑色在10%以下，根据不同房间的采光要求，适当地选用反射率低的色彩或反射率高的色彩即可调节进光量。如朝北的房间常有阴暗沉闷之感，可采用高反射率的色彩；朝南的房间日照充足、光线明亮，可采用低反射率的色彩。

∧ 光照不是很充足的房间，选择高明度色彩能够提高反射率，显得更明亮

（6）体现个性

色彩可以体现一个人的个性，使用者的性格往往决定了其装修时所选用的色彩。一般来说，性格开朗、热情的人，喜欢暖色调；性格内向、平静的人，喜欢冷色调。喜欢浅色调的人一般是直率的个性；喜欢暗色调、灰色调的人大多深沉。女性多喜欢紫色、粉色等；男性多喜欢蓝色、灰色、褐色等。

∧ 用灰色和褐色组合为主色，彰显使用者作为男性具有的较为理性的个性

思考与巩固

1. 色彩的三种属性分别是什么，各自具有怎样的特征？

2. 常见的色相都有怎样的象征意义？

3. 色彩对室内设计都有哪些影响？

二、室内图案概论

学习目标	本小节重点讲解图案的起源、发展历程、流派以及与室内设计的关系。
学习重点	了解中西方图案的发展历程，以及各自的特点。

1. 图案的定义

图案是实用性与装饰性相统一的，日常生活中最为广泛、最为普及，人们最为熟悉的一种艺术形式。它涉及人们的衣、食、住、行等各个方面，对提高人们的物质生活和精神生活质量具有直接的促进作用。

图案是一个具有多重含义的概念，一般是指为达到装饰目的而进行的设计方案。具体说，狭义的图案指器物上的装饰纹样和色彩；广义的图案指设计者根据使用和美化目的，按照材料特性并结合工艺、技术及经济条件等，通过艺术构思，对器物的造型、色彩、装饰纹样等进行设计，然后按设计方案制成的图样。

∧图案主要通过纹样和色彩来体现，具有浓郁的装饰性

2. 图案的历史沿革

图案的历史沿革按照地域可划分为中国图案发展历史和西方图案发展历史两大部分。中国图案的设计和使用起源于新石器时代，后从商周时期直至清朝每个朝代均有不同领域的发展；西方图案的设计和使用起源于公元前一万年，主要应用于壁画和建筑等方面，从14世纪的文艺复兴时期开始，在各个领域中百花齐放。

（1）中国图案发展时间概要

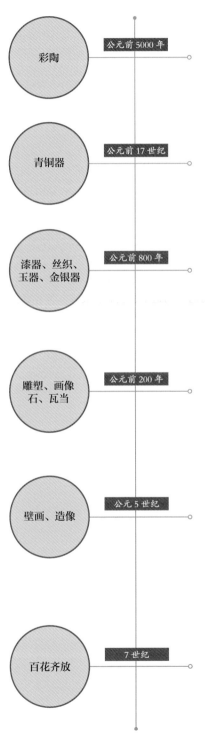

01　新石器时代

此时的图案造型简洁，具有动感，形式对称。图案的主题为植物、动物、几何形纹、人物围猎活动等，典型代表器物为彩陶。

02　商、周时期

青铜器艺术的鼎盛时期，受当时社会制度的影响，整体图案风格沉重、神秘、庄严、凶猛，充满宗教神秘感。图案的主题以幻想的动物为主，如龙、凤、怪兽等，典型代表器物为青铜器。

03　春秋战国时期

此时期手工业开始发展，城市和宫殿开始大量兴建，在建筑的构件上，通常装饰精美的纹样。图案越来越接近生活，风格活泼、生动、多变，线条灵巧，主题以叙事为主，典型代表为漆器、丝织、玉器以及金银器等。

04　秦、汉时期

此时期是中国封建社会的上升时期，宫殿建筑形体更加丰富，建筑室内墙壁绘有壁画；工艺品种类众多，每一种均有独特的图案。图案风格雄厚、宏大又不失活泼感，以云纹、动物纹、植物纹和文字纹等为主，典型代表器物为雕塑、画像石、画像砖、瓦当等。

05　南北朝时期

南北朝时期，在圆形或方形对称图形中填充动物或植物的纹样图案十分普遍。传统纹样受佛教文化的影响较深，内容大都与佛经有关。图案以忍冬纹、莲花纹、龙凤纹以及动物纹等为主，典型代表为壁画和造像等。在此时期，石窟得到了空前发展，其中，敦煌千佛洞、云冈石窟、龙门石窟、麦积山石窟等成为中国造像艺术宝库之中的瑰宝。

06　唐朝时期

唐朝是历史上中国向周边国家大量输出文化与技术的时期，国家的空前繁荣在图案设计上也有所体现，呈现出了百花齐放的状态。图案风格丰富、华贵、富丽但不张扬，题材以植物花卉以及佛教内容为主，在壁画、染织品、金属工艺品、瓷器、服饰等方面均具有发展。在此期间，壁画艺术特别发达，莫高窟的壁画与墓室壁画都是传世精品；雕刻艺术同样出众，敦煌石窟、龙门石窟、麦积山石窟和炳灵寺石窟都是在唐朝时期步入全盛。

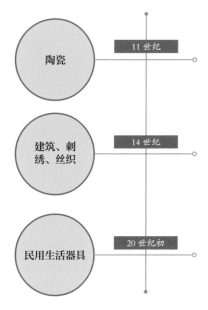

陶瓷 ——— 11 世纪

建筑、刺绣、丝织 ——— 14 世纪

民用生活器具 ——— 20 世纪初

07 宋、元时期

宋代的图案在继承唐代多变特点的基础上，转向了更加清新秀丽的风格；建筑更加精巧，室内结构细致、繁复，细部装饰增多；图案设计以花卉植物为主。至元代，青花瓷兴起，出现了大量别致而独特的青花纹。宋、元时期图案设计的典型代表器物即为陶瓷。

08 明、清时期

明清两代是中国封建王朝的最后两个阶段，此时的技术经过不断的革新，图案制作工艺提高，同时受到西方文化的冲击，品种更加多样化。图案整体风格华丽、丰富、密集，但因过分追求奢华、精致，而显得矫揉造作。代表性的器物为瓷器、珐琅、锦缎、象牙雕刻等。

09 民国时期

民国时期，近代工业化的发展使人们的生活产生了巨大变化，邻国日本的工艺美术教育和"图案学"的研究也越来越成熟，是我国近代图案学的伊始。代表性器物为各种生活器具，如茶杯、储物盒、粉盒、瓷枕等。

新石器时代仰韶文化彩陶盆	商周青铜器兽面纹簋	春秋战国漆器彩绘龙凤纹盖豆
秦汉雕塑秦始皇兵马俑	南北朝敦煌壁画《五百强盗成佛》	唐朝三彩骆驼载乐俑（唐三彩）
宋元牡丹荷叶纹大盖罐	明清徽派建筑雕刻图案	民国时期牡丹图案六边铜盒

（2）西方图案发展时间概要

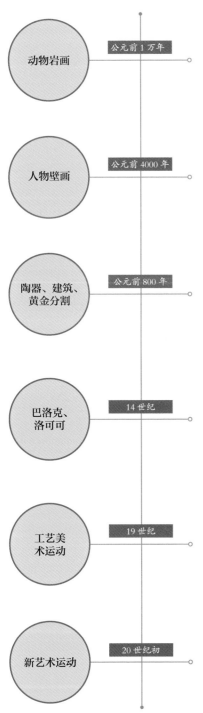

动物岩画 — 公元前 1 万年

人物壁画 — 公元前 4000 年

陶器、建筑、黄金分割 — 公元前 800 年

巴洛克、洛可可 — 14 世纪

工艺美术运动 — 19 世纪

新艺术运动 — 20 世纪初

01　史前艺术

远在公元前 1 万年，人类就已经开始使用图案来装饰住所。在可考证的遗迹中，发现了大量的岩画，其中最具代表性的是西班牙埃尔塔米拉洞窟壁画以及与其齐名的法国拉斯科洞窟壁画。此时的图案线条较为简单，多为对动物或人类活动的抽象概括，构图以点、线、面为主，配以一些虚实处理。

02　古埃及

古埃及图案的主要题材有文字、人、神、植物等。其文字为象形文字，即用图形来表示事物或概念，有图画、影形式和线形的象形文字，从图案学角度来看，均由简洁的点、线、面构成，无论是单字还是多字均具有形式美。除此之外，图案设计较为具有代表性的事物为人物壁画。

03　古希腊

约在公元前 2800~ 公元前 1200 年间的爱琴海文化时期，古希腊的陶制品上就有了彩色图文，至公元前 800 年，陶制品工艺已发展到相当的规模，瓶画艺术也开始繁盛。从图案设计上来看，对点、线、面的运用和布局越加娴熟，代表性图案为棕榈叶图案和一些具有象征意义的图案。

04　文艺复兴时期

文艺复兴时期是欧洲 14~17 世纪发生的一场思想文化运动，最先在意大利各城市兴起，后扩展到西欧各国，于 16 世纪达到顶峰。这场运动将图案设计艺术推向了一个新的时代。此时的图案题材以动物、花草、流水、乐器、盔甲、车马以及神话人物为主，表现为具体的人物、动物以及抽象变体卷草纹的结合，结构多采用对称的漩涡线，既有对称的严谨，又有漩涡线的活泼。

05　现代主义（工艺美术运动）

工艺美术运动是 19 世纪下半叶起源于英国的一场设计改良运动，后广泛影响了欧洲大陆的部分国家。这场运动针对的对象是家具、室内产品和建筑，从日本装饰和设计中找到改革的参考，设计上讲求实用性和美观性的结合，是西方艺术和东方艺术的一次融合。图案设计主张自然感，从自然形态中吸取借鉴。

06　装饰主义（新艺术运动）

新艺术运动是 20 世纪初在欧洲和美国产生并发展的一次"装饰艺术"运动，涉及十多个国家，影响了建筑、家具、产品、首饰、服装、平面设计、书籍插画、雕塑、绘画等多个方面。该运动的参与者致力于将视觉艺术与自然融为一体，倡导自然风格，图案设计上受东方风格影响，突出表现曲线和有机形态。

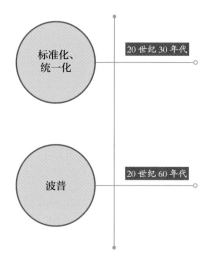

标准化、统一化 —— 20世纪30年代

波普 —— 20世纪60年代

07　国际主义

欧洲现代主义与美国本土社会状况相结合的一种设计风格，它在六七十年代发展成熟，直到80年代才消退，涉及平面设计、产品设计、室内设计等多方面。从图案学角度来讲，该风格继承或夸张了"少就是多"的思想，极其推崇几何形式，而不要任何装饰。

08　后现代主义

理论界一般认为后现代主义产生于20世纪60年代末70年代初，是一场文化思潮，在哲学、宗教、建筑、文学中均有充分的反映，与现代主义有本质的区别。该风格的最大特点就是不确定性，讲求以复杂性和矛盾性去洗刷现代主义的简洁性、单一性，图案方面多采用非传统的混合、叠加等设计手段，主张多元化的统一。

史前艺术阿尔塔米拉洞窟岩画	古埃及壁画《渔猎图》	古希腊建筑帕特农神庙遗址
文艺复兴时期巴洛克风格建筑	文艺复兴时期洛可可风格折扇	工艺美术运动时期的图案
新艺术运动西班牙代表安东尼·高迪设计的建筑—文森之家	国际主义风格平面设计作品	"波普艺术之父"安迪·沃荷作品《玛丽莲·梦露》

3. 图案的风格流派

（1）传统型——民族主义

代表：民族图案、中国传统图案、西方古典图案。具有浓郁的民族特点和地域特点。

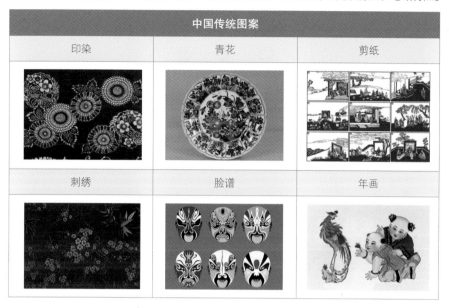

中国传统图案		
印染	青花	剪纸
刺绣	脸谱	年画

（2）实用型——装饰主义

代表：巴洛克、洛可可等。注重装饰性，效果华丽。

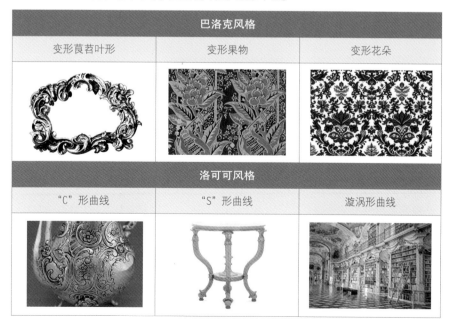

巴洛克风格		
变形莨苕叶形	变形果物	变形花朵
洛可可风格		
"C" 形曲线	"S" 形曲线	漩涡形曲线

（3）简洁型——包豪斯主义

代表：包豪斯学院、国际主义。注重设计的简洁性，讲求"少即是多"。

包豪斯主义		
包豪斯标志图案	平面设计图案	平面设计图案

（4）简洁型——后现代主义

代表：高迪、波普、毕加索。设计上以抽象、夸张为主。

后现代主义		
平面设计图案	平面设计图案	平面设计图案

链接

巴洛克风格图案

"巴洛克（Baroque）"一词源于葡萄牙词汇 Barroco，原意指形式不规则的珍珠。该风格的图案受当时美术风格影响，具有动感、不规则、豪华、华丽的特点。前期以变形的花朵、花环、花果、贝壳为题材；后期则采用莲、棕榈树叶、莨苕叶形为题材，其中最具代表性的是贝壳曲线与海豚尾巴曲线。

洛可可风格图案

"洛可可（Rococo）"一词是从法文 Rocaille 和意大利文 Barocco 合并而来。洛可可风格是一种抽象艺术，它的产生与巴洛克风格或其他风格并无直接关系。其灵感来源于自然又超越自然，卷曲线条在实际世界中并无准确的参照物，只是看起来比较像羽毛或贝壳。其图案常以"C"形、"S"形、漩涡形等曲线为主。

4. 图案的分类

图案的变化有无数种形式，总的来说，可以按照其应用领域、维度、内容、地域、使用材料、组合形式等方式来划分。

5. 图案与室内设计的关系

（1）室内设计的发展趋势

在人类居住在天然的洞穴之中时，已开始有意识地利用简单的兽形和围猎图形的图案对洞穴和生活器具进行简单的装饰。其后漫长的岁月中，人们对美和舒适的追求在不断地进化，室内设计越来越完善化、多样化。随着社会的发展和生活水平的提高，人们对室内设计的要求不再仅仅是美观、实用，而是上升到了环保的高度。在这种情况下，装饰图案得到了充分的展示。

> 少量的装饰图案就可以让居室变得美观又环保

（2）装饰图案在室内设计中的应用

在室内设计中，无论是硬装材料还是软装布置都离不开装饰图案，它不仅能够满足视觉美、触觉美和功能美，还能真正体现室内装饰的个性化和舒适感。同时，不同的图案还能够起到调整空间感的作用。

图案设计是需要依附于一定物质材料的艺术创作，因此不仅受到物质材料和生产工艺的限制，还需要设计师在具备必要的文化意识和审美的基础上，有综合的创造能力，才能在进行室内设计规划时，协调好不同位置上图案的关系。总的来说，装饰图案在室内设计中的运用，要掌握"度"，有主有次、有密集有空白才能够使人感觉美观、舒适，若到处都是图案，不仅不美观，还会使空间变得很"拥挤"。

> 图案不仅能够美化空间，还能够展示室内装饰的个性化和舒适感

思考与巩固

1. 广义和狭义上的图案各指什么？

2. 图案设计在中国历史上是如何发展的？不同时期的运用有何特点？

3. 装饰图案可以按照哪些形式进行分类？分别包括哪些内容？

室内色彩与图案
的设计手法

第二章

室内色彩与图案设计组合起来体系非常庞大，很容易
让人感觉无处着手，而实际上，两者是有一定规则和
规律可循的。掌握两者单独的和组合后的设计手法，
能够更轻松地完成室内色彩与图案设计。

扫码下载本章课件

一、室内配色的基本技法

学习目标	本小节重点讲解室内设计配色的基本技法。
学习重点	了解不同的室内配色技法，掌握配色技巧。

1. 色彩四角色的比例

　　室内空间的色彩数量非常多，不仅存在于墙、顶、地、门窗等位置上，也存在于家具及软装上。多且复杂的色彩数量不利于配色的掌控，那么，根据这些色彩不同的位置和面积，引入影视剧中"角色"的观念，可将室内色彩分为四种类型。了解它们的特点，并进行比例的合理分配，是室内配色成功的关键。

背景色：背景色指充当背景的色彩，占据面积最大，为室内总色彩比例的 60% 左右。它并不仅仅限定于一种颜色，通常包括墙面、地面、顶面、门窗、地毯、窗帘等

主角色：主角色指占据室内中心位置的色彩，通常是大件家具等构成视觉中心的物体，如客厅中的沙发，为室内总色彩比例的 20% 左右

配角色：用来衬托主角色的色彩即为配角色，它的重要性次于主角色，通常是主角色旁的小家具，为室内总色彩比例的 10% 左右

点缀色：点缀色指做点缀使用的色彩，是居室中最易变化的小面积色彩，它通常是工艺品、靠枕、装饰画等，为室内总色彩比例的 10% 左右

（1）背景色决定基调

背景色因为占据了绝对的面积优势，支配着整个空间的色彩感觉，具有奠定空间基本风格和色彩印象的作用。即使是同一组家具，若采用不同的背景色，所展现的视觉效果也是不同的。从背景色开始进行空间配色，能够使整体效果更明确一些。

在所有背景色中，墙面占据背景色的视觉中心，往往是人们最先关注的设计部位，建议重点对待；顶面则因视觉角度问题，最不引人注意，通常情况下不建议色彩过于突出。

∧ 其他部分色彩相同，仅改变墙面背景色的色相，整体氛围就发生了变化

（2）主角色构成中心点

主角色是空间中的视觉中心点，因此具有引领空间色彩走向的作用。不同的空间中，主角色的承担物体会发生变化，如通常情况下，客厅的主角色是主沙发、餐厅的主角色是餐桌椅、卧室的主角色是床及床品等。

∧ 多数客厅中，主沙发占据中心位置，是空间中的主角色

∧ 在餐厅中，餐椅与墙面同色，因此餐桌是主角色

∧ 卧室内，通常由床和床品占据绝对中心位置，为空间中的主角色

主角色的确定主要有两种方式：采用与背景色色相或明度对比强烈的主角色，能够获得生动、活泼的整体效果；采用与背景色同色相或弱对比的主角色，能够获得较为稳定、协调的整体效果。

<主角色与背景色色差较大，具有活泼、生动的感觉

<主角色与背景色为同色相色彩，给人一种稳定、协调的感觉

配色实战解析

　　空间的配色有两种方式：第一种是先从确定背景色开始，而后根据想要的效果来搭配主角色及其他角色，这种方式适合先确定硬装风格而后选择软装的人群，对设计师来说，根据硬装色彩风格搭配适合的软装即可；第二种方式是先确定主角色，而后根据效果选择背景色及其他角色，适合先确定主家具而后根据主家具风格搭配其他部分色彩的人群，这种方式对设计师来说难度略高，需结合家具的色彩和风格选择适合范围内的色彩来搭配组合。

(3) 配角色突出主角色

一组家具或者较大的室内陈设，通常不止一种颜色，除了主体外，还有一些小件的家具，它们相对主角来说是作为配角存在的，其色彩能够更加凸显出主角的色彩特点，使空间更生动、活泼。

选择配角色时可以在统一的前提下，保持一定的色彩差异，既能够凸显主角色，又能够丰富空间的视觉效果。

∧作为配角色的小沙发与主沙发同色，会比较容易让人感觉呆板、无趣

∧作为配角色的小沙发与主沙发明度差较大，起到了突出主角色的作用，整体较活泼

(4) 点缀色让配色更生动

点缀色的作用是为了让空间的氛围更活泼、生动，因此在选择点缀色时，如果与其相邻的背景色过于接近，就不容易获得理想的装饰效果，选择一些鲜艳的色彩，更容易活跃氛围。但若空间其他角色的色彩已经足够丰富，点缀色也可以选择与背景色接近的色彩。

点缀色较为特殊，在同一空间的不同位置上，空间中原本的背景色、主角色或配角色都可能成为它的背景，根据其邻近的背景搭配，同时兼顾主体，更容易获得舒适的效果。

∧点缀色选择与整体色差小的色彩，整体效果平和、舒缓

∧部分点缀色选择与整体色差大的色彩，整体效果活泼、生动

配色实战解析

在使用点缀色时需要注意面积的控制，面积小才能够加强冲突感，提高配色的张力。

作为点缀色的绿色面积过大，已接近配角色，冲突感不强。

缩小绿色的面积后，整体冲突感更强，配色更具张力。

2. 色相型配色

色彩不可能是单独存在的，一个室内空间中不会只使用一种色彩，通常情况下，至少会使用3种色彩。这些色彩的色相关系是不同的，用色相这一属性形容组合中色彩之间的关系的定义方式即为色相型，简单地说也就是某色相与某色相进行组合的问题。

根据色相型中色相的位置和数量，可以将色相型划分为同相型、类似型、对决型、准对决型、三角型、四角型和全相型等四类。

色相型体现的是色彩效果的开放或闭锁感。在室内空间中，背景色、主角色和配角色的色相型是开放还是闭锁，基本能够决定空间的整体感觉。这种感觉是由色相之间的关系和组合中的色彩数量决定的，色相之间的角度越小、色相数量越少，效果越闭锁；反之，则效果越开放。所有色相型中，最闭锁的是同相型，最开放的是全相型，对决和准对决型则介于两种效果之间。

（1）同相型和类似型

同相型和类似型
闭锁感，内敛、沉着、稳重

同一色相的色彩做不同明度或纯度的变化，形成的这些色彩就是同相色，例如大红、深红、浅红等。使用同相色组合形成的色相型即为同相型，是最为内敛和执着的一种色相型。但在室内大面积地单独使用同相型配色容易让人感觉乏味，可小范围使用或在其中加入无彩色系做调节。

同相型

极小范围内配色，具有很强的执着感

将在色相环上互为类似色的色相进行组合，形成的色相型即为类似型。类似型的色相范围比同相型有所扩大，效果更自然、稳定、内敛中略带一丝活泼感。

类似型

稳定、内敛中略带活泼感

配色实战解析

在同为冷、暖色的情况下，互为类似色的色相范围可有所扩大，如在24色相环上，正常情况下4份范围内的色相互为类似色，而在暖色区域中选择时，则可扩展为8份范围内。

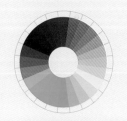

∧ 24 色相环

∧ 4 色相范围

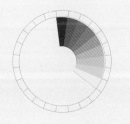

∧ 8 色相范围

（2）对决型和准对决型

对决型和准对决型
中间效果，强力、可靠中带有制约感

将一组互补色的色相搭配，组合形成的色相型即为对决型，这是一种在室内设计中较为常用的配色方式，运用得当能够给人留下深刻的印象。此种色相型色相之间的差距较大、对比强度高，具有很强的动感和开放感。

对决型

健康、活跃、华丽

将一组对比色相组合的配色方式即为准对决型，其色相差比对决型小，张力和开放感略弱。色相的选择范围介于类似型和对决型中间，比对决型的变化更多一些，如蓝色的补色是橙色，但其对比色既可以是黄色也可以是红色。

准对决型

兼具对比和平衡感

链接

有些色相环上红色的补色是绿色，而有些色相环上红色的补色为青色，这是由于构成色相环的三原色不同而产生的现象。三原色可分为色光三原色红、绿、蓝（RGB），印刷三原色品红、青、黄（CMY）和颜料三原色红、黄、蓝。若以RGB为原色，生成的一级间色就是CMY，若以CMY为原色，生成的一级间色就是RGB，以红黄蓝为原色，生成的一级间色则为绿、紫、橙。

∧ RGB / CMY 色相环

伊顿色相环（简化版）

在进行室内设计时，色彩的选择多以视觉感受为参考，当注视红色较长时间时，人眼会自动脑补出绿色，因此，这里描述红色的补色为绿色。

（3）三角型和四角型

选取色相环上位于等边三角形上的三种色相组成的色相型即为三角型。所有三角型配色中，三原色的组合动感最强，复色最温和，三间色居于中间。进行此种色相型的配色时，需注意只有三种在色相环上分布均衡的色相，才能彰显其特点。

将两组补色交叉组合后，得到的即为四角型配色。在一组补色对比产生的紧凑感上再叠加一组，形成的是冲击力最强的色相型。

三角型和四角型
开放感，色彩数量增加，动感强烈

三角型

舒畅、锐利又兼具亲切感

四角型

醒目、安定又具有紧凑感

（4）全相型

无冷暖偏颇地使用多种色相进行组合，形成的即为全相型配色。通常情况下，使用五种色相，即可认为为全相型组合。此种色相型具有十足的开放感，能够表现出华丽感和节日氛围，即使使用的是低明度和低纯度的色彩组合，也不会失去开放感。配色时，需注意不能过多地选择冷色或暖色，否则会变成其他类别的色相型。

全相型
开放感，自由、
轻松、无拘束

3. 色调型配色

(1) 色调

色调是指色彩的倾向，是色彩明度和纯度共同作用下的效果。色相型决定的是空间内色彩的活泼与否，色调型决定的是空间内色彩的情感倾向。所谓的情感意义就是指一种色彩给人的感觉，例如纯正的红色让人感觉热烈、火热，而深红色则倾向于复古、厚重，淡红色则更为柔和；用女性比喻来说，艳色调的红色热情，深色调的红色成熟，而淡色调的红色温柔。

色彩学专家将所有的色调进行了更加系统化、区域化的整理，让人们可以更直观地了解色调的微妙变化，这就是 PCCS 色调图。

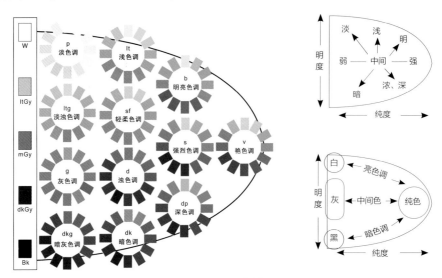

∧ PCCS 色调图

色调名称	特点	情感意义	色调图位置
艳色调	◎也可称为纯色调，没有加入任何黑、白、灰进行调和的最纯粹的色调，是最鲜艳、锐利的色调 ◎具有强烈的视觉吸引力，比较刺激	◎活泼、积极、鲜明、热情、健康、开放、醒目	
明亮色调	◎也可称为明色调，是艳色调中加入少量的白色形成的色调 ◎完全不含有灰色和黑色，所以显得通透、纯净	◎大众、天真、单纯、快乐、舒适、纯净、明朗、舒畅	
强烈色调	◎也可称为强色调，是在艳色调中加入一点黑色所形成的色调 ◎表现出很强的力量感和豪华感，同时兼具一丝内敛感	◎热情、强力、动感、年轻、开朗、乐观、活泼	

色调名称	特点	情感意义	色调图位置
深色调	◎也可称为浓色调，是在艳色调中加入一些黑色所形成的色调 ◎显得厚重、沉稳、内敛，并带有一点素净感	◎高级、成熟、浓重、充实、有用、华丽、丰富	
浅色调	◎是在艳色调中加入一些白色形成的色调 ◎没有加入黑色和灰色，适合表现柔和而浪漫的氛围	◎纤细、柔软、高档、婴儿、纯真、清淡、温顺	
轻柔色调	◎也可称为弱色调，是在艳色调中加入高明度灰色形成的色调	◎雅致、温和、朦胧、高雅、温柔、和蔼、舒畅	
浊色调	◎艳色调中混入中明度灰色形成的色调，具有钝感 ◎能够使空间具有素净的活力感，很适合表现自然、轻松的氛围	◎浑浊、成熟、稳重、高档、高雅、品质	
暗色调	◎是在艳色调中加入一些黑色形成的色调 ◎能够塑造出坚实、传统、复古的空间氛围	◎坚实、复古、传统、结实、安稳、古老	
淡色调	◎是在艳色调中加入大量白色形成的色调 ◎适合表现轻柔、干净的氛围	◎轻柔、浪漫、透明、简洁、天真、干净	
淡浊色调	◎在艳色调中加入大量的高明度灰色形成的色调 ◎感觉与淡色调接近，但比起淡色调的纯净感来说，由于加入了一点灰色，显得更优雅、高级一些	◎洗练、高雅、内涵、雅致、素净、女性、高级、舒畅	
灰色调	◎在艳色调中加入大量的深灰色混合形成的色调 ◎兼具暗色调的厚重感和浊色调的素净感，非常稳重。能够塑造出朴素的、具有品质感的氛围	◎成熟、朴素、优雅、古朴、安静、高档、稳重	
暗灰色调	◎艳色调与黑色调和后形成的色调 ◎纯色的健康与黑色的力量感相结合 ◎能够体现出严肃和庄严的感觉	◎厚重、高级、沉稳、信赖、古朴、强力、庄严	

（2）色调型

一个家居空间中即使采用了多个色相，但色调相近也会让人感觉很单调，且单一色调也极大地限制了配色的丰富性。

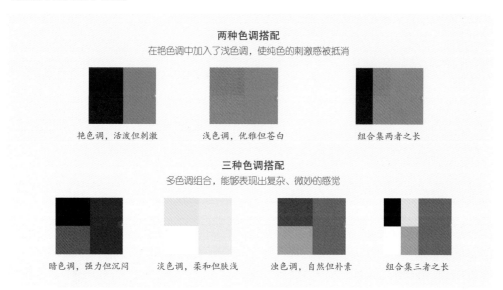

两种色调搭配
在艳色调中加入了浅色调，使纯色的刺激感被抵消

艳色调，活泼但刺激　　　　浅色调，优雅但苍白　　　　组合集两者之长

三种色调搭配
多色调组合，能够表现出复杂、微妙的感觉

暗色调，强力但沉闷　　淡色调，柔和但肤浅　　浊色调，自然但朴素　　组合集三者之长

通常情况下，空间中的色调都不少于三种。背景色会采用 2~3 种色调；主角色为 1 种色调；配角色的色调可与主角色相同，也可作区分；点缀色通常是与之差别较大的色调，这样才能够组成自然、丰富的层次感。根据使用色调的多少，可以将色调型配色分为内敛型、开放型和丰富型等三种类型。

内敛型

当室内配色的色调数量为 3 种及以下数量时，配色的效果是内敛、执着的，所以称为内敛型

开放型

当使用 4~5 种色调进行配色时，这种色调型配色称为开放型。如果同时再搭配以相同数量的色相，效果会更活泼

丰富型

当同一个空间内使用的色调数量为 5 种以上时，可以称为丰富型。即使是少数的色相，使用丰富型的色调型，也会形成高雅中带有活泼感的效果

内敛型

同相型的配色，组合内敛型色调，可仍维持色相型的内敛感，但层次却不会单薄。反之，若采用了非常活泼的色相型，感觉层次有些混乱时，就可以采用此种色调型。

开放型

配色感觉略单调，又不想增加色相数量的时候，把色调型调整为开放型可以增加层次感。

丰富型

当塑造比较沉稳或朴素的效果时，使用此种色调型就不会让人有乏味、单调的感觉。

4. 调和配色法

当室内配色方案让人觉得过于混乱，想要让其变得平和、统一时，可以通过调和配色法来调整。可调节色彩的三要素来达到目的，例如使色彩之间的明度靠近、色调靠近或添加类似色或同类色等，使色彩产生融合；除此之外，也可以通过重复、群化等方式来进行。

(1) 靠近明度

靠近明度是采用调整突兀色彩的明度，来减少混乱感的调和方式。在相同数量的色彩情况下，明度靠近的搭配要比明度差大的搭配要更加安稳、柔和。

要点

靠近色彩明度是一种可以不改变原有氛围及色相搭配类型的一种融合方式。

✗ 橙色和黄色的茶几明度与沙发差距较大，活泼但显得有些突兀。

✓ 色相不变，将茶几更换为明度低一些的款式后，仍活泼，但突兀感有所降低。

(2) 靠近色调

相同的色调给人同样的感觉，例如淡色调柔和、甜美，浓色调给人沉稳、内敛的感觉等。因此不管采用什么色相，只要采用相同的色调进行搭配，就能够融合、统一，塑造柔和的视觉效果。

要点

在调整色调进行融合时，可以保留主角色的色调，将其他角色的色调靠近，这样既能够凸显主角色，又不会过于单调。

✗ 靠枕的色调虽然醒目，但与其他部位搭配不协调，使人感觉过于突兀。

✓ 更换为与床头和床品的色调更接近的靠枕后，给人的感觉更舒适。

（3）添加类似色

这种方式适合在室内色彩过少，且对比过于强烈，使人感到尖锐、不舒服的情况下使用。选取室内的某一种或两种角色，添加与其为同相型或类似型的色彩，就可以在不改变整体感觉的同时，减弱对比和尖锐感，实现融合。

要点

所选取的色彩角色，通常建议为主角色及配角色，更容易取得理想的效果。

✖ 蓝色靠枕与红色靠枕为对比色，虽然不激烈，但使人感觉比较突兀。

✔ 增加了位于红色和蓝色中间的粉色做调和后，整体感觉更舒适。

（4）重复形成融合

同一种色彩重复地出现在室内不同的位置，就是重复性融合。当一种色彩单独用在一个位置，与周围色彩没有联系时，就会给人很孤立、不融合的感觉，这时候将这种色彩同时用在其他几个位置，重复出现时，就能够互相呼应，形成整体感。

要点

这种方式适合用来调节室内任何让人感觉突兀的角色，且非常简单、快捷。

✖ 橘红色的沙发醒目但与室内其他色彩没有联系，过于孤立。

✔ 其他部位使用同色的装饰后，形成了重复性融合，不再使人感觉突兀。

（5）群化形成融合

群化是指将临近物体的色彩选择色彩三属性之中的某一个属性进行共同化，塑造出统一的效果。群化可以使室内的多种颜色形成独特的平衡感，同时仍然保留着丰富的层次感，但不会显得杂乱无序。

✖ 沙发上的粉色靠枕纯度较高，与绿色沙发的色差较大，使人的注意力被靠枕吸引，感觉不舒适。

✔ 将高纯度的粉色靠枕换成纯度与沙发接近的靠枕后，更具融合感。

5. 对比配色法

色彩对比是两种色彩在同一时间和空间上所产生的相互衬托、相互排斥的关系，是指视觉神经系统将两种或两种以上的色彩相互作用的结果，其最大特点就是能产生出比较效果，使主题更加鲜明突出。

（1）明度对比

明度对比是指色彩明暗程度的对比，借用音乐中"调子"的概念，色彩学家将色彩的明度分成了三个大的调子，分别是：低明度调子、中明度调子和高明度调子。

要点

选取差距越大的明度进行组合，效果越活泼；反之，明度差距越小，效果越内敛。黑、白组合是明度对比的两个极端。

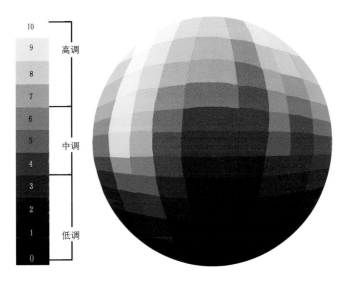

∧ 色彩的明度调子示意图

名称	特点
低明度调子	◎深沉、厚重 ◎可使人产生寂静、抑郁、神秘 、阴险、哀伤的感觉
中明度调子	◎平静、朴素 ◎可使人产生从容、踏实、安乐、稳重的感觉
高明度调子	◎洁净、明亮 ◎可使人产生轻柔、松软或苍白、无力的感觉

✗ 浅蓝色的沙发与背景色明度差较小，主体地位不稳固。

✓ 换成了深蓝色的沙发后，与背景色的明度差增大，层次更分明。

（2）色相对比

色相对比是因色相之间的差别形成的对比，其强弱取决于色彩在色相环上的位置，色彩在色相环上相隔的角度越大，对比效果越强；反之，相隔的角度越小，对比效果越弱。

同类色对比

同类色对比是指色相环上相隔距离 15° 以内的色相的对比，是最弱的色相对比。

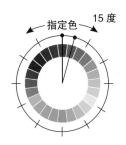

> 实际运用中的同类色配色

邻近色对比

邻近色对比是指色相环上相邻的两三种颜色的对比，其色相距离大约 30°，属于弱对比类型。

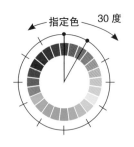

> 实际运用中的邻近色配色

类似色对比

　　类似色对比是指色相环上相隔距离60°左右的色相对比，属于中对比类型。但这个范围并不是绝对的，当在全色相环范围内选择时，这个范围可大于60°但不超过90°，若在冷暖相同的情况下，范围可扩大到120°。

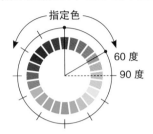

∧ 实际运用中的类似色配色

对比色对比

　　对比色对比是指色相环上相隔距离120°左右的色相对比，是色相对比中的强对比。但需注意的是，在冷暖色相同的情况下，这个范围会有所增加。

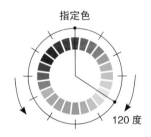

∧ 实际运用中的对比色配色

互补色对比

　　互补色对比是指色相环上相隔距离180°的色相对比，属于色相对比中最强烈的类型。

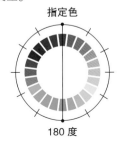

∧ 实际运用中的互补色配色

链接

正如黑白是明度对比的两个极端那样，红、黄、蓝是色相对比的极端。三原色红、黄、蓝和三间色绿、紫、橙组成的互补关系，构成了补色对比的三个极端，也可以说是有彩色对比的三个极端，是色相对比中冲击力最强的组合。

∧红＋绿　　　　　∧黄＋紫　　　　　∧蓝＋橙

（3）纯度对比

因色彩的纯度差别而形成的对比称为纯度对比。色彩学家将纯度的明度分成了三个大的色阶，分别是：低纯度色阶、中纯度色阶和高纯度色阶。

要点

选取色阶差距越大的纯度进行组合，效果越活泼；反之，纯度差距越小，效果越内敛。红、绿组合是纯度对比的两个极端。

高纯度色阶			中纯度色阶			低纯度色阶			
10	9	8	7	6	5	4	3	2	1

名称	特点
低纯度色阶	◎明确、醒目、色彩感强 ◎组合上显得坚定而明快，有较强的视觉感召力
中纯度色阶	◎色彩丰富而稳定 ◎画面平和、自然、雅致
高纯度色阶	◎色相感弱，画面效果柔和 ◎含蓄、理智、内向，不能引起视觉兴趣

∧高纯度色阶和低纯度色阶对比，整体效果活泼

∧高纯度色阶和中纯度色阶对比，效果内敛、沉稳

（4）冷暖对比

冷、暖色彩之间的对比是因色彩感觉的冷暖差别而形成的，这种色彩对比形式即为冷暖对比。冷暖对比是将色彩的色性倾向进行比较的色彩对比，色彩的冷暖感主要来自人的生理与心理感受，橙、蓝组合是冷暖对比的两个极端。

设计要点

在室内配色设计运用中，当以冷色为主或暖色为主觉得过于冷清或过于火热时，就可加入暖色或冷色进行调节。

<冷色为主的空间，加入了一点暖色做点缀，避免了全是冷色带来的清冷感

<以暖色为主的沙发上，加入了一点冷色做点缀，避免了全是暖色而产生沉闷的感觉

6. 无彩色配色法

无彩色系只有明度的深浅没有纯度变化，广义来说，金银色也属于无彩色的范围。一般来说，无彩色属于百搭色，可以搭配其他任何颜色。无彩色系给人久远、复古、怀旧的感觉，还有高级、清晰、分明、冷静、空洞的感觉。无彩色在室内设计中，可单独地在体系内组合使用而不加入任何彩色，也可用其与有彩色组合，起到凸显作用。

(1) 体系内组合法

通常是以白色或高明度的灰色作为背景色，黑色或低明度灰色做主角色或其他少面积用色，适当加入金色或银色做调节，能够丰富层次感并增强时尚性。

∧以白色做背景色，搭配深灰色系为主角色，用少量黑色点缀，层次分明不显单调

∧以浅灰色和白色做背景色，搭配黑色为主角色，整体氛围较严肃

(2) 凸显焦点法

当某种色彩与黑色或白色放在一起时，这种色彩本身的特质就会变得更加突出。利用这种特点，在室内配色设计中，可使配色的特点更凸显。

∧白色的墙面和沙发，搭配少量纯度较高的蓝色和橙色，将人的视线聚焦到了沙发区域

∧黄色沙发在白色和黑色的衬托下，活泼感和明亮感更突出，主体地位稳固

（3）阻隔融合法

无彩色具有阻断作用，可使多种彩色的组合变得更具融合感，就是说当多种纯度较高的色彩放在一起时往往会让人感觉很刺激，此时，就可以在它们之间加入无彩色系，来降低刺激感，黑色或白色的这种作用更明显一些。

∧高纯度黄色和橙色靠枕中间，用白色靠枕阻隔，融合感更强

∧以淡绿色和粉色为主的空间，加入白色做阻隔，避免了过于甜腻的感觉，也更具整体感

7. 突出主角的配色法

如果空间内的主角色不明确，则主次不分明，显得不稳定，使人感觉不安心，可以通过突出主角色来改变效果。突出主角色最直接的方式是调整主角色，可以提高主角色的纯度、明度使其突出，还可以通过增强色相型、增加点缀色、抑制配角色或背景色等方式使其更加突出。

（1）提高纯度

此方式是使主角色变得明确的最有效方式。当主角色变得鲜艳，在视觉中就会变得强势，自然会占据主体地位。

✘ 低纯度的沙发，与墙面色差较小，效果内敛但过于平淡。

✔ 沙发纯度提高后，与墙面的差距增大，不再显得平淡。

（2）增强明度差

色彩的明暗差距越大，视觉效果越强烈。如果主角色与背景色的明度差较小，可以通过增强明度差的方式，来使主角色的主体地位更加突出。

✘ 沙发与背景色的明度差较小，视觉对比效果较弱。

✓ 加大了沙发与背景色的明度差后，视觉效果变强，主体更明确。

（3）增强色相型

改变主角色与背景色或配角色之间的色相型，使主角色的地位更突出。所有的色相型中，同相型最弱，全相型最强，若室内配色为同相型，则可将色相型增强为其中的任意一种。

✘ 准对决型色相型组合，活泼但略显单调。

✓ 将白色软装改成黄色后，变成了三角型配色，活泼中兼具稳定感。

（4）增加点缀色

若不想对空间做大动作的改变，可以为主角色增加一些点缀色来明确其主体地位。这种方式对空间面积没有要求，大空间和小空间都可以使用，是最为经济、迅速的一种改变方式。例如，客厅中的沙发颜色较朴素，与其他配色相比不够突出，就可以选择几个彩色的靠垫放在上面，通过点缀色增加其注目性，来达到突出主角地位的目的。

要点

点缀色的面积不宜过大，如果超过一定面积，容易变为配角色，改变空间中原有配色的色相型，破坏整体感。

✘ 浅灰色沙发上的点缀色均为无彩色系，人的视线会被作为点缀色的绿色花瓶吸引。

✔ 主沙发加入多种彩色做点缀后，视线立刻会被沙发吸引，沙发的主体地位更突出。

（5）抑制配角色或背景色

指不改变主角色，而是通过改变配角色或背景色的明度、纯度、色相等方式，来使主角色的地位更突出。

要点

当主角色面积较大或主角色所在的物体是精心选取不想更改时，就可以采用此种方式来突出主角色。

✘ 作为配角色的橘色单人沙发，纯度较高，比主沙发更引人注目，主角色主体地位不够稳固。

✔ 将高纯度橘色单人沙发改为与主沙发靠枕相同的棕色后，主角色的主体地位显得更稳固。

思考与巩固

1. 色彩的四角色比例分别是多少？

2. 什么是色相型配色和色调型配色？分别包含哪些类型？

3. 当空间内的主角色不够突出时，可以采用哪些方法来调整？

二、室内设计中图案的设计方法

学习目标	本小节重点讲解室内设计中图案的设计方法。
学习重点	了解不同图案的设计方式,掌握图案运用技巧。

1. 重复图案形成规律

相同或近似的形态连续地、有规律地反复出现叫作重复。重复构成就是把视觉形象秩序化、整齐化,在设计中呈现出和谐统一、富有整体感的视觉效果。这种构成方式在生活中非常常见,如壁纸、瓷砖、布艺织物中的图案等。

这些重复的结构都有一个共同的特点,那就是它们都是由两个以上的元素排列成一个整体,使人感觉到井然有序、和谐统一、节奏感强。采用重复的构成形式使单个元素反复出现,也具有加强设计作品的视觉效果的作用。

∧ 重复图案样式的地毯

2. 近似组合图案寓"变化"于"统一"

近似构成是将有相似之处的元素进行组合的一种构成形式,寓"变化"于"统一"之中是其主要特征。在设计运用中,通常以某一元素作为基础,采用其基本构成形态之间的相加或相减来求得近似的基本形。近似主要是以基本形的近似变化来体现的,基本形的近似变化,可以用填格式,也可用两个基本形的相加或相减而取得。

﹥ 近似图案样式的被罩

3. 渐变图案产生的韵律感

一个基本图形按照一定的大小、方向、位置、形态、色彩等规律渐变，形成一种有条理的图案的表现形式，就是渐变构成。渐变构成具有逐渐性、规律性、无限性和节奏性等特点。

渐变构成最重要的就是渐变的程度，渐变的程度太大、速度太快，就容易失去规律性，给人以不连贯和视觉上的跃动感；反之，如果渐变的程度太慢，会产生重复感，但具有细致的效果。不同的渐变方式都可以由某一形状开始，逐渐地转变为另一形状，或由某一形象渐变为另一完全不同的形象。

∧ 色彩渐变图案样式的沙发

4. 发散图案产生扩张的视觉效果

发散图案是以一点或多点为中心，呈向周围发射、扩散等视觉效果，具有较强的动感及节奏感。格线和基本形呈发射状的构成形式，称为发射构成。此类构成，是基本元素采用离心式、向心式、同心式以及几种发射形式相叠而组成的，组成画面具有扩张的视觉效果。

≻ 发散图案样式的地毯

5. 图形对比增强视觉冲击力

此种构成依靠基本形的形状、大小、方向、位置、色彩、肌理，以及重心、空间、有与无、虚与实的关系等元素的对比，给人以强烈、鲜明的感觉。

≻ 色彩对比图案样式的沙发

思考与巩固

1. 什么是重复构成，有何特点？

2. 近似图形组合的图案有什么特征？

3. 什么是渐变构成，有哪些特点？

三、 室内设计中色彩与图案结合的设计方法

学习目标	本小节重点讲解室内设计中色彩与图案结合的设计方法。
学习重点	了解色彩与图案的结合设计方式，掌握其运用技巧。

1. 色彩与图案的形式美设计

(1) 形式美的构成要素

　　形式美是人们在长期的艺术与设计活动中发现和创造的，就是美的事物外在形式所具有的相对独立的审美特征，具体地说，就是构成事物外形的物质材料的自然属性以及它们的组合规律与法则。室内设计要遵循形式美，首先要从形式美的要素入手，形式美的要素包括点、线、面和体。

要素名称	定义和特点	运用
点	◎在几何学上被界定为没有长、宽、厚度而只有位置的几何图形 ◎在设计艺术中，点不仅有位置，而且有形状	◎在室内设计中巧妙地运用点的特性，能使室内空间生动活泼，并起到画龙点睛的作用 ◎越小的物体越能给人以点的感觉，将不同大小、疏密的点混合排列，能够形成一种散点的构成形式，产生一种优美的旋律感
线	◎是点的运动轨迹，可分为直线、曲线和斜线 ◎线条是一幅构图中最为基本的部分，构图中的动势、体积、阴影和质感都是以线条来描绘、产生的	◎在室内装饰中，用水平线来分割画面，可使画面稳定、端庄；用垂直线来分割画面，可使画面有挺拔、刚劲之感 ◎曲线的大量运用，能产生优美活泼的美感 ◎斜线能使画面具有强烈的动势和节奏感
面	◎可以是点的扩大或者是线的集合。面可以分为方形、矩形、圆形、椭圆形、三角形、梯形等几何形，还有各种自由形，如树叶、花朵、雨滴等形状	◎方形有整齐、端正、稳重之感；矩形比方形稍有些变化，其中符合黄金分割律的更具有美感；椭圆给人柔和、流畅、秀丽、变化的感觉；三角形给人刺激、尖锐、冲动的感觉 ◎自由形给人非常亲切、自然、温馨、宜人的感觉。在室内设计中，把它作为装饰纹样和造型形态，会显得特别富有亲和力
体	◎是面的运动而形成的	◎它的审美属性和运用与面非常接近，所不同的，面是在二维空间来审视的，体是在三维空间来审视的。它在室内设计中，主要体现在室内空间造型和陈设产品造型上

（2）形式美的组成

形式美的内涵十分丰富，包含造型、色彩、组织结构、材料、肌理、装饰纹样等诸多方面。从美学角度看，大致可以归纳为材料美、构成美、装饰美三个组成部分。

材料美

室内设计中无论是色彩还是图案的表现都离不开物质的载体，而物质的载体与材料又密不可分。不同的材料具有不同的质感和表面肌理效果，如丝绸织物的细腻柔和、金属的刚硬、木质材料的自然粗犷等，都极大丰富了室内装饰图案设计的形式美

构成美

设计内容的表达，往往需要若干个构成要素的共同作用，如需各个构成要素之间造型、色彩、材料、肌理等以和谐为组织原则，形成美的构成表现形式。这种组织结构上的美，称为构成美

装饰美

装饰美表现在色彩和图案设计的修饰美化方面，通常以纹样和色彩的形式出现，它不强调实用的功能，而是为了满足人们视觉上的审美享受

∧ 材料美、构成美和装饰美共同组成了形式美

（3）形式美的法则

形式美的法则主要有变化与统一、对比与调和、节奏与韵律、对称与均衡等。

变化与统一

变化与统一，也叫多样统一，是一切艺术与设计领域中形式美的总法则。室内图案的形状、色彩、质地等构成因素的变化，可以给人活泼生动、新鲜丰富的感觉。但如果变化的各因素之间又缺乏某种关联性，就会显得杂乱，没有统一感。因此变化与统一是相互对立而又相互依存的。

在具体运用中，设计不同的室内风格时，要注意两者的主次：侧重热闹、时尚、活泼的空间，以变化为主导，在变化中通过某些同一或近似因素求得统一的平衡；侧重宁静、温馨的室内氛围时以统一为基调，通过某些相异或对比的因素，在和谐中求得变化。

< 侧重塑造活泼感的空间，用色彩和图案的形式来塑造时尚、活泼的感觉，同时又在色彩搭配上寻求统一

对比与调和

对比是有意地将形状或者颜色形成强烈反差，是突然的而不是逐渐变化，比如把方形和圆形放在一起、红色和绿色放在一起等，由此产生的节奏是令人振奋的。

在室内设计中，节奏的强烈反差越来越成为流行的主题。对比是变化的一种形式，调和是统一的体现。对比与调和是对立而又相互依托的存在。无论是对比还是调和，都对色彩和图案在室内装饰设计中的审美功能具有巨大的影响。

> 红与绿为互补色组合，产生令人振奋的节奏，同时绿色中含有红色图案，是调和的体现

节奏与韵律

节奏与韵律是室内设计中一条重要的形式美法则。节奏指设计构成因素有秩序、有条理地反复出现时，人们的视线随之在时间上所做的有秩序的运动，其在自然界中随处可见。

韵律指设计中构成的诸因素的条理与反复所产生的节奏中，表现的优美情调和趋势。韵律产生于按一定规律而变化的节奏之中。

> 极具韵律感的地毯图案

对称与均衡

对称指沿着中线两侧完全相同的形式，是自然界中处处可见的现象。人们对于对称的形式有一种天然的亲近感，所以在建筑、家具、织物设计中大量采用对称的构成。均衡也叫作平衡，是以等形而等量的形式达到的一种视觉上的平衡感。对称与均衡是室内设计中最基本的两种组织、构成形式。对称体现了静感与稳定性，均衡体现了韵律与动感。

在实际的室内设计中，常在对称的构成中加入相异的元素，打破完全的对称，又保持整体的均衡；在整体均衡的构成形式中，加入某些相同的元素，在均衡中加入稳定、庄重的视觉效果。

∧ 采用对称式结构设计的背景墙，具有稳定、均衡的美感

2. 色彩与图案表达的心理效应

（1）视觉对色彩和图案的反应

视觉对色彩和图案组合的反应，主要体现在色彩方面，包括色彩的适应性、色彩的诱目性、色彩的识别性等。

色彩的适应性

人的视觉感官对于颜色和光线的刺激而引起的视觉变化，称为人眼睛的色彩适应性。这种适应性在室内设计中，主要体现在光线的运用上。

∧当室内的灯光偏黄（低色温）时，即使以蓝色为主，也会让人感觉温暖

∧当室内的灯光偏白（高色温）时，蓝色的冷感会更明显，会让人感觉更清凉

色彩的诱目性

当人们无意识地观察周围环境时，色彩容易被引起注视的性质称为色彩的诱目性。根据视觉冲击力的大小，不同色彩引起人们注目程度的大小、强弱是不一样的。视觉冲击力大的颜色就很"显眼"，从很远的距离就能明显地识别出来；而视觉冲击力小的颜色，即使是同样的距离，也很难引起人眼睛的注视。

∧鲜艳的色彩诱目性更强，将诱目性强的色彩放在空间中的重点位置上，可以在第一时间内聚焦视线

色彩的识别性

色彩容易被人视觉认知的性质称为色彩的识别性。背景色对色彩的可识别程度起决定性的作用。当某颜色与背景的色相、明度、纯度出现差别，尤其是明度差别较大时，色彩的识别性较大。一般来说，冷色系的颜色识别性较低，暖色系的颜色识别性较高。

> 当主角色与背景色的差别加大且为暖色系时，主角色的识别性最大，若叠加醒目的图案，会更增加这种识别性

（2）色彩和图案对心理的影响

室内的色彩除了能对人体生理产生影响外，还会对人的心理产生较大的影响力，主要包括心理经验、个性喜好与心理联想等。在日常生活中，室内环境、家具设备的色彩和图案都能对人的各种生活行为产生一定的影响，从而影响人的心理健康。

心理经验

色彩和图案不仅是一种视觉现象，在人们的生活中也是具有丰富的感情和含义的，这源于人们看到它们时，对过去产生一定的记忆所形成的经验。也就是说，这种联想是以现在的色彩和图案唤起回忆过去色彩的一种作用。这种作用性，在室内设计中，特别适合有很多生活经历的人，能够唤起这类人群对空间的归属感。

∧装饰老人房时，就可以利用老人对色彩和图案的心理经验进行装饰设计，使其对房间产生归属感

个性喜好

人对色彩的喜好同样属于心理范畴，主要受人们审美观念的影响，与个人情趣、爱好紧密地联系在一起。这种审美观念的形成既有主观原因也有客观原因。主观原因是文化背景、文化素质不同，每个人对色彩的偏爱也是不同的；客观原因是人们对色彩的爱憎有一定的适应性和时间性，随着时间的流逝，对色彩的喜爱和追求也会不断发生变化。

> 面对不同人群，设计其居所时可结合其喜好选择色彩和图案，如儿童房可活泼一些

心理联想

　　心理联想是人们对抽象的事物与社会生活中的自然景物的认识进行比较后产生的联系反应。人们看到某种色彩，常常联想到过去的经验知识。例如，红色让人联想到玫瑰、喜庆、兴奋；白色让人联想到干净、百合、简洁；绿色充满生机勃勃的活力，使人联想到青春、舒适、希望等。这种联想思维，久而久之就逐渐固定了各种色彩的象征性意义。

∧ 设计带有自然感的风格时，就可以多使用一些绿色和棕色等自然界中常见的色彩，同时搭配一些植物类的图案

3. 利用色彩与图案的流行元素设计

　　近年来，流行色备受人们关注，即使是与设计工作无关的人群，也会对其多有耳闻。除此之外，引领时尚潮流的还有图案，例如条纹、格子等。作为室内设计工作者，掌握流行趋势，并能够将流行的色彩与图案组合运用在室内空间中，是一项能够让设计加分的技能。这种设计方式，不仅能够满足空间使用者对时尚的追求，还能给人艺术上的直观感觉，带来视觉上的愉悦感。

＞ 墙面采用了流行的雾霾蓝，搭配沙发上的条纹图案靠枕，体现了设计者对流行元素的运用

思考与巩固

　　1. 色彩与图案设计形式美的构成要素包括哪些内容？

　　2. 色彩与图案设计形式美的法则包括哪些内容？

　　3. 色彩对人的视觉和心理都有哪些影响？

室内元素与色彩、图案设计

第三章

室内空间装饰可以分成两个大的部分，一是空间界面部分也就是顶面、墙面、地面、隔断等建筑构造，二是软装饰。当这些组成部分采用不同的色彩和图案时，即使是完全相同的空间，也会产生不同的效果。了解色彩和图案对空间界面和软装的影响，有利于更好地规避建筑结构的缺陷，得到理想的装饰效果。

扫码下载本章课件

一、空间界面与色彩、图案的关系

学习目标	本小节重点讲解室内空间界面与色彩、图案的关系。
学习重点	了解在不同界面上，色彩与图案对空间产生的影响以及选择的方式。

1. 墙面色彩与图案

成年人的视平线高度为 1.5~1.6m 左右，这就决定了当人进入一个空间后，首先看到的部位就是墙面，因此，应将墙面的色彩与图案作为重点部分来对待。

墙面色彩和图案的设计应从室内环境整体的气氛来考虑。根据居住空间使用者、面积、朝向等条件的不同，配色可以是活泼的、素净的、复古的，但不适合使用刺激性过强的色彩，如艳丽的红色；图案可能是具象的或抽象的、有彩的或无彩的、有主题或无主题的等，但需要结合墙面面积来选择大小。需要注意的是，无论哪一种设计方式，都不能脱离客观条件，如女性住所，墙面就不适合使用过于暗沉的颜色和外形过于锐利的图案。除此之外，还需要考虑它们与室内织物的协调性。

> 客厅背景墙无论是配色还是图案设计，均符合空间整体新中式风格的定位，使人感觉非常协调

2. 地面色彩与图案

地面是所有室内界面中被家具覆盖面积较大的一个界面。通常来说，室内的装饰重点是墙面和软装部分，因此地面的色彩和图案不建议过于突出。地面色彩与图案的体现需要依赖地砖、地板和地毯等，地砖和地板若图案过于复杂，不利于后期的搭配，因此，当空间面积较小时，可将地毯作为地面图案的主要承载体。

地面色彩和图案的选择首先应从空间的整体风格着手考虑，而后再结合色彩的心理作用和图案大小对空间的影响来确定最终样式。

∧ 宽敞的空间中，选择一个花型较大的地毯搭配石材拼花装饰地面，不仅增添了个性，也减弱了空旷感

3. 顶面色彩与图案

顶面是组成室内空间六个面中唯一没有物件遮挡的面，人们进入室内可以对整个天花一览无余。因此，顶面装饰的好坏，直接影响到室内装饰效果。

在家居空间中，顶面适合使用白色或接近白色的浅色，少数别墅等户型内可使用较低调的彩色，以平衡空间整体比例；而在公共空间中，顶面的色彩就需要根据场地的使用性质来定夺，如办公空间通常使用白色，KTV等娱乐场所多使用彩色等。当然，想要获得完整的装饰性不能缺少图案的加入，它的选择可从空间的风格、功能、高度等方面综合着手。高度较低的顶面适合搭配石膏线或壁纸等材料来呈现图案；而高度较高的空旷空间，则可用造型组合壁纸、木料等方式来呈现图案，如藻井式天花。

∧ 壁纸与藻井式造型结合的顶面，色彩和造型都给人下沉的感觉，很好地平衡了空间的视觉比例，减弱了超高房高带来的不舒适感

4. 隔断色彩与图案

隔断是有别于建筑原有界面的、后期添加的分割空间的构件，它通常在空间中比较显著的位置上，其色彩与图案对整体装饰有着很重要的影响。常见的隔断有两种形式：一是固定的隔断，不能移动；另一种是屏风，可伸缩、可折叠、可移动，能灵活地分隔空间。相比较来说，屏风的正反两面都可以进行装饰，图案和色彩也更丰富。

隔断的色彩与图案首先应与空间中其他部分形成统一感，包括色彩、质感等。对于固定式的隔断，色彩和图案的选择应尽量保守、低调一些，可用后期灯光来加成；对于屏风来说，则可以适当选择夸张一些的色彩和图案，将其作为展现室内风格特色的重点装饰。

∧ 隔断无论是色彩还是图案均符合新中式风格的特点，与空间其他部分搭配协调

思考与巩固

1. 不同类型的图案对室内墙面设计有哪些影响？

2. 地面的色彩和图案应怎么选择？

3. 顶面的色彩和图案对空间整体有什么影响？

二、 室内软装与色彩、图案的关系

学习目标	本小节重点讲解室内软装与色彩、图案的关系。
学习重点	了解不同类型软装的色彩与图案设计,掌握其运用技巧。

1. 家具的色彩与图案

家具在室内装饰中具有两重意义:一是具有满足人们日常生活需要的使用功能;二是其造型、色彩及装饰图案有很强的艺术性,具有审美功能。其审美功能主要体现在家具的形态、色彩、材质、肌理、表面加工和装饰等方面。

当用家具来布置室内空间时,它的色彩和图案要体现出和谐和安静的感觉。和谐指色彩与图案应与室内整体的风格或其他装饰相协调;安静指家具给人的视觉感受,要精心选择色彩和装饰图案。

∧家具的色彩和图案不宜过于夸张

2. 布艺的色彩与图案

(1) 床上用品的色彩与图案

床品套件包括床罩、床单、被套和枕套等,虽然可以单独搭配,但还是建议选择布艺设计师设计好的套装款式,更容易获得统一中具有变化的效果。床品套件色彩和图案非常多样,搭配时,其图案样式、布局排列、色彩配置等应与卧室整体相协调,以取得呼应的艺术效果。如色彩艳丽、图案夸张的款式,适合华丽的卧室而不适合清新的卧室。

﹥ 床品的图案、材质和色彩组合透着低调的华丽感,与空间整体氛围相协调

（2）靠枕的色彩与图案

靠枕是活跃室内氛围的最佳小件布艺，除厨卫空间外，基本上所有的室内空间都可以使用靠枕做装饰。其造型丰富多彩，图案题材多以风景、动物、植物为主，人物形象多作为点缀，色彩更是丰富多彩，这就增加了选择的难度。在选择靠枕的色彩和图案时，可采取"就近原则"，将其依靠的物体及周围的色彩和图案为参考，可直接选取其中的一种或几种，或选择与这些元素搭配协调的类型，更容易获得协调的装饰效果。

∧ 靠枕因为色彩足够突出，图案的选择采取了"就近原则"，参考了地毯的图案，塑造出统一中具有变化的效果

（3）帷幔挂饰

窗帘是最常见的帷幔挂饰，其图案有几何形、线条形、苏格兰格子、植物纹、卷草纹、细腻的小碎花以及一些清新的花朵枝叶等，但色彩基本没有什么固定的规律。作为室内空间中占据面积较大的布艺，窗帘要与整体房间、家具、地板颜色相和谐。通常情况下，窗帘色彩可深于墙面，但图案不宜复杂，以简洁为主更舒适。

∧ 窗帘的色彩深于墙面且与沙发呼应，图案简洁而具有动感

（4）家具覆盖装饰

布艺沙发的色彩与图案

传统的布艺沙发图案设计多为变形花卉图案、风景建筑图案，图案端庄、典雅、富丽，色彩以深色调为主，形成了紫红、棕黄、绿、烟灰四大色彩系列，更适合复古及华丽风格的室内空间；而在现代设计中，布艺沙发抽象图案的比例增大，更多地追求材料和质感与肌理效果，色彩上多选用明快、怡人的乳白、象牙黄、浅灰、咖啡、蓝绿等色调，适合简约和现代风格的室内空间。

∧ 紫红色系花卉图案为主的布艺沙发，具有浓郁的复古感，用在美式乡村居室中相得益彰

桌布、桌旗的色彩与图案

对桌面布艺来说，夸张的大花图案美观大方，始终都不会过时，但此类布艺更适合华丽的风格和宽敞的空间。如果喜欢简单一点、轻松愉快的图案和颜色，可以选择印花布艺。印花布的色彩和图案活泼多样，如水果图案、卡通图案、花朵图案等，适合在一般大小的简洁风格空间使用。相较于前两种来说，几何图案的布艺色彩会相对淡雅许多，给人以温馨舒适的感觉；条纹图案则以多彩的面貌出现，同色系的渐变搭配款式，在平淡中产生一种变化的乐趣，这两种类型适合的风格也较多样。

＞ 几何图案的桌布搭配格纹图案的桌旗，素雅而不乏层次感，与空间整体搭配也非常协调

3. 装饰画的色彩与图案

装饰画相对于家具等软装来说虽然体积不大，但却是室内空间装饰的点睛之笔，能够增添美感和艺术气质。在室内环境风格明确的情况下，装饰画的整体外形和图案类型是首先要考虑的因素。其次是装饰画的色彩，除了必须遵守一般的色彩规律外，还应该根据个人的性格、修养和职业不同，使色彩设计充分体现主人的情趣。

∧对墙面较空的空间来说，用装饰画组装饰墙面是简单而又非常具有装饰效果的一种做法。组合中画面的色彩和图案宜有所呼应

思考与巩固

1. 色彩与图案设计形式美的构成要素包括哪些内容？

2. 色彩与图案设计形式美的法则包括哪些内容？

3. 色彩对人的视觉和心理都有哪些影响？

住宅空间的色彩
与图案设计

第四章

住宅空间需要的是温馨、舒适的氛围，同时还应让空间的使用者具有归属感，要能够体现出主人的性格、性别、文化素养、喜好等特点。因此，在进行色彩与图案的设计时，需要将这些因素以及不同风格的特点考虑进去，让空间有"家"的感觉。

扫码下载本章课件

一、 室内空间的色彩与图案

学习目标	本小节重点讲解室内空间界面与色彩、图案的关系。
学习重点	了解在不同界面上，使用不同的色彩与图案对空间产生的影响。

1. 功能空间的配色与图案设计

（1）客厅的配色与图案设计

　　客厅的配色和图案设计是家居空间设计中一个重要的环节，它通常是整个家居的活动重心，是居住者品位的体现，也引领着整体设计的走向。客厅的配色和图案设计是反映主人艺术审美观和个性特点的主要手段。首先应以个人的喜好和兴趣为主；其次，再从所选风格的代表性元素内寻找适合客厅面积、朝向的色彩和图案。

　　一般来说，客厅配色建议以暖色或无彩色系为主，冷色可做配角色使用，大块面色彩使用的有彩色数量尽量不要超过三种，整体色彩对比不宜过强，但点缀色可适当活跃一些。图案分布应有主有次，切忌到处都有图案，如沙发区墙面采用了图案显著的壁纸，那么靠枕、地毯等物品上的图案就宜尽量低调一些，家具也尽量选择素色的款式；如果墙面比较素净，软装上的图案就可丰富一些。

∧ 客厅以无彩色系和暖色为主，冷色做辅助，高级、雅致但不显冷清；图案分布在沙发区的地面和墙面上，凸显出了装饰的重点

（2）餐厅的配色与图案设计

餐厅的配色与图案设计除了考虑主人的喜好外，还应考虑其功能性。总的来说，餐厅色彩宜以明朗轻快的配色为主，最适合的是橙色以及其近似色，这些色彩都有刺激食欲的功效，不仅能给人以温馨感，而且能提高进餐者的兴致。而冷色却恰恰相反，具有降低食欲的作用，因此不建议大面积使用。

图案方面建议根据风格和空间的面积来选择。如中式风格餐厅选择写意山水、花鸟、云纹、福寿纹、神兽纹、书法等类型的装饰画或桌布、桌旗等；欧式风格餐厅则可选择具有西方特点的图案装饰；简约风格餐厅可选几何图形、卡通图案或食物图案等。大餐厅可适当使用夸张的大图案，也可使用中型图案，小餐厅更适合小图案。

> 餐厅墙、地面及餐桌以暖色为主，因为空间较小，会显得有些拥挤，因此加入了一些冷色用对比感做调节。图案仅用在一侧的餐椅上，活跃了氛围却不显得凌乱

（3）卧室的配色与图案设计

卧室是私密性很强的空间，配色和图案设计应遵循主人的喜好，同时还应彰显舒适、宁静的氛围。面积大的卧室，色彩和图案的选择范围比较广，但建议少使用过冷或对比过强的配色和夸张的图案；而面积小的卧室，则适合选择偏暖、明亮的色彩和小纹理或条纹、格子的图案做装饰。

卧室内的色彩和图案数量不宜过多，否则会让人感觉杂乱，影响睡眠质量，一般2~3种彩色和3处左右的图案即可。卧室顶部多用白色，会显得明亮；地面一般采用深色，避免和家具色彩过于接近而影响空间的立体感和线条感。

∧ 面积相对宽敞的卧室，冷色占据背景墙位置，缓解了深色地面和家具的沉闷感，整体素雅、高级但不冷清。图案设计的重点选择了两处，有效地降低了大空间的空旷感

∧ 卧室背景墙、家具和地面的色调都比较深，因此搭配了白色的床品，用明度对比带来了明快的感觉。由于墙面壁纸的图案比较突出，为了避免凌乱，其余部分均为素色

（4）书房的配色与图案设计

书房是学习、思考的空间，需要高度集中的注意力，因此需要一个宁静、沉稳的环境。书房主色的选择上，建议尽量选用冷色、明亮的无彩色或灰棕色这类中性色。墙面、天花板色调建议选择明亮、柔和的浅色，如淡蓝色、浅米色、浅绿色等，避免强烈、刺激的色彩，如黄色、红色、粉红色等。可以在与墙面保持一致的情况下少量加入一些和谐的色彩，来打破略显单调的环境。

图案的选择不宜过于复杂和夸张，带有一些文学气质最佳，例如书法图样、字母图样或植物、山水等，可以壁纸、装饰画或地毯为载体来呈现。

> 书房以冷灰色、棕色组合为主色，塑造宁静、沉稳的整体氛围，为了避免单调和沉闷，用图案略具活力感的装饰画和地毯进行了调节

（5）厨房的配色与图案设计

厨房属于高温环境，作为人视线焦点部分的墙面，配色设计建议以浅色和冷色调为主，例如白色、浅绿色、浅灰色、浅蓝色等，此类色彩能使人感受到春天的气息和凉意，同时还能令人感觉空间在扩大延伸，避免产生沉闷和压抑感。与此同时，橱柜色彩则可以温馨一些，与墙面明度差大一些更显明快。厨房的配色若从风格或喜好考虑，选择以暖色为主，则建议选择米黄或棕色系，而后搭配冷色或白色的橱柜，会更舒适一些。

厨房内的图案主要承载体为瓷砖，可以使用砖体本身带有的纹理，也可以用素色砖拼接做出纹理。无论是哪一种形式，都不建议过于夸张，形式的选择可从整体风格来考虑。

> 厨房墙面为棕色系，为了避免沉闷，搭配了蓝色的橱柜。图案采用了素色砖拼花来完成，具有低调的活泼感，同时还与空间风格特征相符

（6）卫浴的配色与图案设计

　　卫浴间本身就给人潮湿阴暗的感觉，且大部分户型中的卫浴间局促感都比较强，所以主角色不建议选择深色，可选择淡雅清新的色彩，例如白色、蓝色等，可以彰显整洁、宽敞的感觉，深色则可作为小面积配角色使用。

　　图案设计方面，可以选择一面重点墙，用瓷砖、马赛克等做拼花设计，提升整体装饰的美感。若觉得只有墙上有图案比较突兀，可将此部分的图案延续至地面上，打破界面的界线。还可以将上下部分区分成不同的颜色，中间用带有图案的腰线连接，适合比较小的空间。

∧ 坐便器后方的墙面图案，整体上与卫浴间其他部分呼应，少部分使用了跳色，活泼而不凌乱，个性十足

∧ 小卫浴间内，将图案设计以腰线和洗漱柜上的手绘来呈现，搭配白色为主的配色，整洁而不乏精致感

（7）玄关的配色与图案设计

　　除了别墅户型以外，大部分户型的玄关面积都不会太大，而且通常情况下都比较昏暗。因此，玄关的主色最适合采用清淡明亮的色彩，能够让空间看起来更开阔。同时，由于面积的限制，玄关整体的色彩数量也不宜过多。在具体配色时，可以遵循吊顶浅、地板深、墙壁居中的形式。

　　若玄关空间比较规整且与风格契合，则可在地面设计一块拼花图案，既可以满足装饰性，又可起到划分区域的作用；如果整体风格比较素净，图案比较简洁，那么用装饰画的形式来呈现图案设计更合适。图案的风格和组成形式宜与室内相呼应，发挥其"剧透"作用。

∧ 玄关配色设计采用了顶面最浅、地面最深、墙面居中的方式，层次丰富又具有稳定感。图案设计集中在了地面和家具门上，与无彩色系色彩组合，时尚而又具有动感

2. 利用色彩与图案改善缺陷空间

（1）色彩和图案对空间的调整作用

色彩对空间的调整作用

色彩是调整空间的最简单和最有利的手段，利用色彩给人的不同感觉，即可对建筑结构有缺陷的住宅空间进行调整。在第一章"色彩与室内设计的关系"部分中介绍过有此种作用的有：前进色、后退色、膨胀色和收缩色。除此之外，有类似作用的还有重色和轻色，重色是明度低的颜色，具有下沉感；轻色是高明度的颜色，具有上升感。

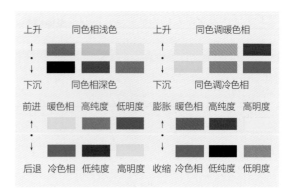

图案对空间的调整作用

不同的图案对室内空间具有调整作用，比较典型的图案类型有条纹和不同大小的图案等。此类图案的作用体现为：较宽的条纹图案具有扩张感，而较窄的条纹具有收缩感；竖条纹图案可拉长界面，横条纹图案可拉宽界面；大花型图案可以降低拘束感，但同时也具有前进感，有规律的小图案可以彰显秩序感，也能使墙面显得更加开阔。

∧ 竖条纹强调垂直方向的趋势，使墙面高度增加，但同时会缩短宽度上的视觉距离

∧ 色彩浓烈、图案夸张的壁纸装饰墙面，淡化了墙面高度与宽度比例的不均衡感

∧ 横条纹有水平扩充的感觉，会让墙面宽度增加，但会使墙面高度的视觉距离变小

∧ 用有规律的、色彩淡雅的小图案壁纸装饰小卧室的窄墙面，能使墙面显得比较开阔

（2）采光不佳空间的调整

采光不佳的空间，可以选择明度高一些的色彩来装饰顶面和墙面，地面的色彩明度可略低一些，与顶面和墙面形成反差，增加一些明快的感觉。在图案搭配上，顶面可以搭配大块面为主的吊顶或不做吊顶，墙面和地面适合选择不是过于突出的、小纹理的、排列有秩序感的图案类型。大图案有压抑感和扩张感，不利于整体调整。

常用配色和图案选择		
白色或明度接近白色的暖色	◎包括白色、淡黄色、淡米黄色、淡粉色等 ◎此类色彩具有高反光性，可以彰显宽敞感和明亮感。当空间采光不佳时，可以用色彩本身的物理特性补充光线	
蓝色系	◎包括高明度的蓝色和高纯度的蓝色，避免大面积使用深蓝、暗蓝等 ◎此类色彩具有十足的清爽感，能够打破居室的烦闷氛围，也能有效改善空间采光度	
碎花或暗纹图案	◎小花型但排列不规则的图案或纹理不明显的暗纹图案 ◎与高明度的色彩组合，可以活跃气氛又不会使空间因为光线少而显得压抑	
规则的图案	◎排列规则但不夸张的图案 ◎此类图案有一种秩序感，可以使空间显得更宽敞一些，同时能减少光线不足的压抑感	

（3）低层高空间的调整

当空间内的房高在2.6m左右时，就会产生压抑的感觉。除了不做吊顶或做局部吊顶用视觉落差来调节外，还可以依靠色彩的轻重感来进行调节。顶面使用轻色，地面使用重色，作为视线焦点的墙面，可选择与顶面同色或略深于顶面的色彩，用上升和下沉的视觉感，就可以拉伸房间视觉上的高度，改善压抑感。此类户型中，顶面图案不宜突出，地面图案可略醒目一些，而墙面的图案可使用竖向类型。

常用配色和图案选择		
浅色顶面、墙面 + 深色地面	◎顶面和墙面的色彩可为白色、灰白色或浅冷色，在视觉上提升层高 ◎顶面与墙面色彩可进行区分，如顶面白色，墙面灰色，逐级加深的色彩，具有视觉层次变化 ◎地面色彩为深褐色木地板或深色系地砖，起到稳定空间配色的作用	
同色顶面、墙面 + 深色地面	◎顶面和墙面均采用白色，能够形成超强的视觉通透感 ◎地面选择色调略深的材料，与白色的顶面、墙面产生配色层次 ◎为避免大面积白色带来的轻飘感，在软装上可运用少量鲜艳色彩进行调和	
突出墙面图案	◎墙面使用竖条纹、竖向为主的格子等较有规律的图案做装饰 ◎在"顶轻、地重"的配色下，用图案拉伸墙面高度，可改善低层高的压抑感	
突出地面图案	◎顶面和墙面均采用素色，地面使用不夸张的图案做装饰 ◎地面色彩明度低于顶面和墙面的情况下，选择一些规律的图案装饰地面，不会破坏色彩的调节作用的同时，还能调节整体层次感	

（4）窄小空间的调整

想要把小空间"变大"，可以用浅色调或偏冷的色调，把墙面、天花板甚至细节部分都漆成相同的颜色，空间顿时就能变得宽敞，但主题墙部分可略作区分来体现层次感。若想要简洁又丰富的色彩设计，可以将表达设计风格的色彩用在关键性的几个部位，把特别偏爱的颜色用在主墙面，其他墙面搭配同色系浅色调。对于宽度窄的墙面，可选择具有横向拉伸效果的图案做装饰，以调整整体比例，如横向条纹或其他横向图案。需要注意的是，不宜选择夸张的大图案，以免使小空间显得更局促。

常用配色和图案选择		
白色及浅色	◎包括白色及其他高明度的色彩 ◎此类色彩明度高、反光性极强，可以让空间变得更宽敞和明亮，很适合装饰小面积的空间。为了避免单调，背景墙或点缀色可少量使用一些低明度或高纯度的色彩	
后退色	◎高明度、低纯度、冷色系 ◎当空间的进深较短时，可以在一面背景墙上使用后退色，使墙面产生"后退感"，进而扩大空间感	
横条纹图案	◎横向的窄条纹图案 ◎此类图案可以扩展墙面的宽度，将其放在长度短的墙面上，搭配低刺激的配色，可以延伸空间尺度	
规律的小图案	◎排列规则的小图案 ◎此类图案秩序感很强，不会破坏配色的"扩张"感，同时又能够避免单调感和乏味感	

（5）狭长空间的调整

狭长型户型的色彩设计有两种方式，一是在重点墙面部分做一些突出的设计，如更换颜色或更换为与其他墙面同色系的不同材料，或将房间的天花、墙壁、柜子和地面都选用同样的浅色材料；二是当长宽比例相差很多时，窄墙面可选前进色来缩短空间的距离。图案的搭配有三种方式：一是短墙使用横向的图案或长墙面使用竖向的图案；二是长短墙均使用同种图案来模糊墙面界限；三是使用规则的图案，可用在墙面和地面，配合色彩来增加层次感。

常用配色和图案选择		
白色及明度接近白色的色彩	◎包括白色及明度接近白色的各种淡色 ◎全部白色或浅色的墙面能够使狭长型的空间显得明亮、宽敞，弱化缺陷，搭配少量彩色软装可以避免单调感	
前进色	◎低明度、高纯度、暖色相 ◎将前进色放在宽度较窄的墙面上，使其产生"前进"的感觉，来缩短较长的一面墙，使整体比例更舒适	
横向或竖向图案	◎横向或竖向的条纹、线条、几何图案等 ◎横向图案尤其是条纹图案，可以调整墙面的宽度，用在较窄的墙面上，可让墙面看起来宽一些；竖向图案能够拉伸高度，同时减少宽度感，可让较长的墙面的长度缩短	
规则的图案	◎形状没有限制，规则的图案均可 ◎此类图案与上一类图案相比较，没有明显的调节比例的作用，但是可作为配角色使用，来调节整体的层次感，避免单调	

（6）不规则空间的调整

此类居室首要的设计部分在墙面上，有效的方式是整个空间的墙面全部采用相同的色彩或图案，加强整体感，使异形的地方不引人注意。若空间的面积较小，建议采用白色或淡雅的色彩做墙面背景色，宽敞一些的空间可以采用带有图案的壁纸等材质。顶面可涂刷白色，墙面部分尽量避免使用材料的拼接，地面根据室内的风格进行色彩及材质的选择即可。图案可选重复型的规则图案或纹理不明显的暗纹图案。

常用配色和图案选择	
白色及浅色	◎白色以及高明度的彩色 ◎此类色彩特别适用于不规则的小空间，用来涂刷墙面能够弱化墙面的不规则形状，如弧线墙、拐角墙等
彩色	◎明亮色调的彩色 ◎此类色彩适合比较宽敞或采光较好的不规则空间，墙面不规则部分统一涂刷此类色彩，可以用统一的彩色墙面来弱化不规则形状
重复型图案	◎以某一元素为造型基础，重复规律地出现组成的图案，条纹或几何图案最佳 ◎墙面整体使用此类图案，可以将人的视线聚焦在图案上，进而弱化空间的不规则感
暗纹图案	◎图案排列具有规则感的暗纹系列 ◎此类图案纹理居于明显和不明显之间，能够带来隐约的层次感，规律的排列方式不会破坏色彩带来的调节作用

3. 不同居住人群的空间配色与图案设计

（1）男性空间的配色与图案设计

男性空间的配色

  男性给人的印象是阳刚的、有力量的，为单身男性的居住空间进行配色设计，应表现出他们的这种特点。冷峻的蓝色或具有厚重感的低明度色彩具有此种特征。

  冷峻感依靠蓝色或者黑、灰等无彩色系结合来体现，能够表现理智的一面；以明度和纯度低的暗色调色彩为配色主体可以体现厚重感以及具有力量的一面。除此之外，具有强对比的色彩组合也能表现出男性特点。

配色范围解析

  以蓝色等冷色相为中心的色彩组合，能够表现男性气质。无彩色系的黑色和灰色也能够表现男性的冷峻感；以强烈色调或是具有浑浊感的浊色调，以及深色调和暗色调为主的配色，可表现出男性气质。

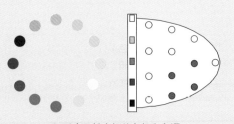

∧ 适合男性空间的色相和色调

男性空间常用色彩搭配	
蓝色	◎适合使用低明度、低纯度的色调 ◎以蓝色为主的配色，能够展现出理智、冷静、高效的男性气质 ◎与白色搭配，能够塑造出明快、清爽的氛围 ◎与暗暖色组合，兼具理性和力量感 
蓝色＋灰色	◎这种组合以蓝色为主或灰色为主均可，还可加入一些大地色在地面或者小型家具上。其中蓝色需注意明度和纯度 ◎灰色具有都市气质，也是具有理性的色彩之一，蓝色加灰色组合，能够展现出雅俊的男性气质 ◎暗浊的蓝色搭配深灰，能体现高级感和稳重感；加入白色可增加干练感和力度 
黑、白、灰	◎黑、灰中的一种大面积使用或者黑、白、灰三色组合，都能够展现具有时尚感的男性气质 ◎用白色墙面搭配黑色和灰色家具等，强烈的明暗对比能体现严谨、坚实感 ◎表现男性特点时，白色的使用面积宜小一些，黑色和灰色可多一些 
暖色	◎深暗的暖色或浊暖色能展现厚重、坚实的男性气质，如深茶色、棕色等，此类色彩通常还具有传统感 ◎若在色彩组合中同时加入少量蓝色、灰色做点缀，则能使人感觉考究、绅士 
中性色	◎暗色调或浊色调的中性色，如深绿色、灰绿色、暗紫色等，同样具有厚重感，也可用来表现男性特点 ◎此类色彩加入具有男性特点的蓝色、灰色等色彩组合中，能够活跃空间氛围 

续表

男性空间常用色彩搭配		
对比色	◎可选暗色调或者浊色调的冷色和暖色组合，也可选高纯度的冷暖色组合，通过强烈的色相对比，营造出力量感和厚重感，也可以展现男性气质 ◎还可以通过色调对比来表现，例如浅蓝色和黑色组合	

男性空间的图案选择

在选择男性空间的图案时，除了要考虑空间的大小、采光等问题外，还需要注意应体现出男性的个性，可选择具有力度感或理性感的图案，例如条纹、格子、几何图案、抽象图案等。而例如碎花、小圆点、卡通等具有柔美感或过于童趣的图案，则不适合用在男性空间中，会显得过于柔软或幼稚，与男性的气质不协调。

男性空间常用图案		
条纹或格子	◎比较宽的条纹和尺寸大一些的格子更适合男性空间 ◎此类图案可用在墙面、靠枕以及床品等部位 ◎使用时需注意层次的设计，此类图案不适合同时用在多个位置上，例如墙面有图案则其他位置可使用纯色	
几何图案	◎三角形、菱形、矩形以及不规则图形等，更适合展现男性气质 ◎此类图案在墙面、地面以及布艺等部位均可使用 ◎选择具有重复型规律的几何图案，比较能够体现男性理智的一面	
抽象图案	◎具有大气感的抽象图案均适合男性空间 ◎此类图案多用在装饰画、靠枕或地毯等部位 ◎选择此类图案，能够为居室增添艺术感，适合思想前卫或有艺术审美的人群	

（2）女性空间的配色与图案设计

女性空间的配色

　　女性与男性的个性是相反的，大部分女性都给人柔和的感觉。因此，当人们看到红色、粉色、紫色这类色彩时，很容易就会联想到女性。可以看出，具有女性特点的配色通常是柔和、甜美的。

　　大多数情况下，以高明度或高纯度的红色、粉色、黄色、橙色等暖色为主，配色以弱对比且过渡平稳，能够表现出具有女性特点的空间氛围。除此之外，蓝色、灰色等具有男性特点的色彩，只要选择恰当的色调，同样也可用在女性空间中。

配色范围解析

　　以红色为主的暖色相，具有女性特点，与暖色临近的中性色，也包括在内；以高明度的淡色调和淡浊色调为主的配色，具有女性特点，即使选择此种色调中的冷色也可表现女性特点。

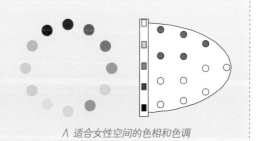

∧ 适合女性空间的色相和色调

女性空间常用色彩搭配		
暖色	◎艳色调或明亮色调的暖色，包括红色、黄色、粉色等，占据主要位置，搭配近似色调的同类色或对比色，能够展现女性活泼的一面 ◎高明度的淡浊色调，且过渡平稳，能够表现出女性优雅、高贵的感觉	
冷色	◎淡色调、明亮色调及艳色调的冷色，配色选择弱对比的色彩进行组合 ◎若同时加入一些白色，就能够体现出干练、清爽的女性特点 ◎可以适当地组合一些近似色丰富层次，例如绿色	
绿色	◎绿色从色相来说属于中性色，所以让其具有明确的性别偏向主要依靠的是色调，表现女性时建议选择艳色调或明亮色调 ◎绿色很少单独使用，通常会与其他色彩组合	
紫色	◎紫色是具有代表性的女性色彩之一，其独有的浪漫气质非常符合女性特质 ◎淡色调、明亮色调及淡浊色调的紫色最适合表现女性高雅、优美的一面，暗色调的紫色宜小面积使用 ◎用紫色与粉色或红色搭配，能够使女性特质更明显，表现出甜美而浪漫的感觉	
无彩色系	◎以粉色、红色、紫色等女性代表色为主色，加入灰色、黑色等无彩色系色彩，能够展现带有时尚感的女性特点配色 ◎还可以用柔和的灰色搭配白色来表现女性特点	

女性空间常用色彩搭配	
多色组合	◎为了丰富层次感，可能会用到对比型、全相型等多种色彩的组合方式，这种组合宜采用弱对比。例如以明度较高或淡雅的暖色、紫色，搭配恰当比例的蓝色、绿色等，具有梦幻和浪漫感

女性空间的图案选择

适合女性的图案与适合男性的图案恰好是相反的，女性空间使用的图案应具有柔和感，而少一些锐利感，例如各种花朵、小圆点、曲线、成人化一些的卡通或字母图案等均适合。除此之外，中性化的格子和条纹也适用。而对于追求个性化的女性，可少量地使用一些男性化的图案，小面积点缀在不占据主要视线的位置。

女性空间常用图案	
条纹或格子	◎比较窄的条纹和尺寸小一些的格子更适合女性空间 ◎这两种图案可单独使用，也可组合使用，组合使用时需注意色彩的统一
花朵图案	◎碎花、大花、重复型的规则花朵图案等均适合女性空间，可与条纹或格子组合使用 ◎此类图案容易产生混乱的感觉，使用时需注意部位和数量的控制
几何图案	◎除锐利感过强的类型外，几乎所有的几何图案都可用来装饰女性空间 ◎此类图案可用在墙面、靠枕、窗帘及地毯等部位，特别密集的类型应注意用量的控制

（3）女孩房的配色与图案设计

女孩房间一般以粉色、红色等暖色为主，也可以选择浅紫色，体现女孩的公主梦。在设计时，可以结合她的年龄具体选色。

女宝宝的婴儿房的色彩宜避免强烈的刺激，以淡粉色、肤色、淡黄色等色彩作为主色，能够营造出温馨、甜美、适合女婴的氛围；儿童或者青少年的女孩的房间，配色效果则可以略为浓烈一些；青少年女孩的房间还可适当地运用黑色或者灰色与粉色等结合，来表现时尚感和个性感。

配色范围解析

女孩房的色彩以粉色最具代表性，除此之外，其他的暖色相以及紫色和绿色也可装饰女孩房，与单身女性用色类似，但更纯真、甜美一些。高明度的色调适合女婴也适合女孩；而高纯度的色调只适合女孩，对婴儿来说太刺激。

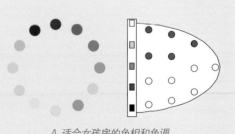

∧ 适合女孩房的色相和色调

	女孩房常用色彩搭配	
粉色、紫色	◎明亮色调的粉红色和紫色会让人联想到女孩，用此类色彩装饰女孩房符合性格特征，与成年女性不同的是，儿童房的色彩组合宜更纯真、更甜美一些，可大面积搭配白色	
红色、黄色	◎红色和黄色都具有活泼的感觉，艳色调比较适合儿童阶段的女孩，大一些的女孩可以使用略深一些的色调 ◎虽然是儿童房，艳色调的色彩也不适合大面积使用，可以用在寝具上	
蓝色、绿色	◎蓝色和绿色属于女孩、男孩都能够使用的色彩，重点在于组合的方式。女孩儿使用此类色彩色调宜淡雅一些，并且多做背景色或点缀色 ◎也可以使用艳色调与其他色彩组合，但过于暗沉的就不适合过多使用	
近似色	◎将位置相近的色彩组合起来，不仅能够强化居室的特定印象，还可以使配色效果更开放一些。例如将粉色和紫色组合起来，就能够使女孩房既显得甜美又具有浪漫感	
对比色	◎使用对比色能够增添开放、活泼的感觉，任何年龄阶段的女孩都适用。婴儿和青春期的女孩宜采用淡色调减弱刺激感，儿童阶段的女孩采用对比色可以纯粹一些、活泼一些	

续表

女孩房常用色彩搭配		
多色组合	◎多色组合就是指将多种颜色组合起来塑造具有女孩特征的居室，有两种方式：一种是具有活泼感的方式，使用的纯色较多；一种是柔和甜美的组合方式，采用的淡色调或浅色调较多	

女孩房的图案选择

　　女孩房的图案要能够表现出女孩的年龄和性别特点，女性空间适用的花朵、小圆点、几何图案、曲线等，中性的格子和条纹类型的图案都适用于女孩房。除此之外，各种以动物为主的卡通图案、云朵等自然元素图案也同样适合用来装饰女孩房。具体选择图案时，可结合女孩的年龄进行，如青春期的女孩房图案可略显成人化一些。

女孩房常用图案		
女性特点的图案	◎所有适合女性的图案类型，均适合女孩房使用 ◎这些图案可单独也可组合使用，如条纹或格子搭配花朵图案、几何图案搭配卡通图案等，但要注意女孩的年龄和层次感的塑造	
自然事物图案	◎模拟自然事物的图案，包括雪花、云朵、彩虹、羽毛、星月等类型的设计均可用在女孩房中 ◎此类图案应注意外形的选择，应能体现出孩子的年龄特点，可用在墙壁、靠枕、床品甚至是灯具上	
动物图案	◎以蝴蝶、猫狗、兔子、马等可爱的动物为原型设计的图案，具有十足的童趣，很适合用在女孩房中 ◎此类图案不适合大面积使用，容易显得混乱，可用在床品、靠枕等布艺上做局部点缀	

（4）男孩房的配色与图案设计

　　装饰男孩房，通常以蓝色、绿色或棕色系为主色来表现。除此之外，黄色也可用来装饰男孩房间，用来表现其活泼的个性。

　　婴儿房宜淡雅一些，可以采用淡雅的、明度较高一些的蓝色、绿色或棕色等，少量点缀一些活泼的色彩即可，避免对婴儿的眼睛造成刺激；明亮色调适合少年儿童，采用更为鲜艳、强烈的配色，更能够吸引他们；接近成年人的青少年，有了自己的主见，房间配色可以与成年男性靠近。

配色范围解析

　　男孩房通常以冷色相或绿色为主，配色上根据年龄选择最佳，甚至可以选择全部色相组合来表现活泼的天性。婴儿房适合淡色调；儿童阶段的男孩可以锐利的艳色调为主；青少年除了上述色调，还可使用深色调。

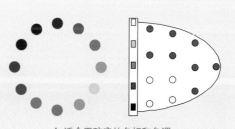

∧ 适合男孩房的色相和色调

男孩房常用色彩搭配

蓝色	◎蓝色是具有典型男性特点的色彩，可以表现清新感，也可以表现冷静感 ◎明亮的浅色调适合婴儿；明亮色调的蓝色适合少年儿童；青少年可以使用艳色调或深色调来表现成长的特点	
棕色	◎棕色是比较亲切的颜色，所以大多数的家居空间中都能用到，当用其来表现男孩特点的时候，可以用深棕和浅棕结合，再搭配一些白色 ◎棕色适合用在家具或地面上，与其他颜色结合使用。青春期性格比较沉稳的男孩子可以将棕色作为主色搭配一些无彩色系使用	
绿色	◎绿色是比较中性的颜色，所以它是一种比较适合搭配使用的色彩，不适合用在重点部位来凸显性别 ◎可以用在墙面上，搭配白色具有清新感，搭配棕色具有自然韵味，搭配蓝色比较平稳 ◎根据使用面积的不同，可以选择不同色调的绿色来表现男孩的特点	
无彩色系	◎以无彩色系中的黑色或灰色放在重点位置表现男孩特点的时候，适合比较喜欢时尚感和简约感的年龄比较大一些的男孩 ◎白色是不可缺少的，灰色适合大面积使用，黑色建议少量使用	
对比色	◎男孩房最常用的对比色就是蓝色和红色，通常会使用深色调的红色与同色调的蓝色或暗色调的蓝色对比 ◎还可以使用蓝色和橙色对比，色调组合类似红蓝 ◎可以将对比色用图案的方式表现出来，例如条纹等，可以进一步增添活跃感	

男孩房常用色彩搭配		
多色组合	◎男孩房使用多色组合的时候，建议将具有男性特点的颜色放在重要位置上。如果是儿童，可以多选择一些艳色调的色彩进行装饰；如果是青少年，色调可沉稳一些，使整体符合居住者的年龄特点	

男孩房的图案选择

男孩相对于女孩来说，个性要更活泼一些，为了增加其对房间的归属感，选择图案时可从他们的年龄入手，比如儿童可以选择一些卡通或交通工具类型的图案，少年选择一些热血动漫、条纹格子或者天体类的图案等，把孩子本身的爱好体现出来。一些具有女孩特点的图案不适合用在男孩房中，例如花朵、柔和的小圆点等。

男孩房常用图案		
中性图案	◎包括条纹、格子、几何图案等，这类图案基本上男性和女性都适合 ◎男孩房使用此类图案的限制性比成年男性住所要小一些，只要颜色合适，各种尺寸均可使用	
交通工具图案	◎大部分的男孩都喜欢交通工具类的玩具，如车、船、飞机等，使用此类图案能够增加他们对房间的喜爱 ◎此类图案的使用基本没有什么限制，除了常规的墙面和布艺等位置外，甚至可以直接使用此类图案的家具，例如船或汽车造型的床等	
卡通图案	◎卡通图案可以结合男孩的年龄来选择适合的款式，例如年纪小的儿童可以选喜羊羊灰太狼等儿童卡通为元素的设计；少年则可以选择海贼王、火影忍者等热血动漫为元素的设计 ◎此类图案可以作为背景墙使用，也可用在布艺、装饰画等位置	

（5）老年人房的配色与图案设计

老年人有着丰富的人生阅历，到晚年便喜欢安稳的环境，宁静、整洁、安逸、柔和的居室环境更容易获得他们的喜爱。

老人房整个配色要以舒适为主，注重情感交流和视觉的舒适性。房间配色以温暖、温馨的效果为佳，整体颜色不宜太暗，以求表现出亲近祥和的意境。使用红、橙等易使人兴奋和激动的颜色时，需要降低纯度和明度，选用高雅、宁静的色调。但在柔和的前提下，可使用一些具有对比感的冲突型或互补型配色来增加生气，同时要避免使用大面积的深颜色，防止有沉闷的感觉。

配色范围解析

老人房通常以暖色或中性色为主，不宜用太冷的颜色作为主角色，以免给老人一种孤独寂寞感，冷色可做辅助色或点缀色；除了过于艳丽和太苍白的色调外，其他色调均可用在老人房中，但深暗的色调不宜大面积使用。

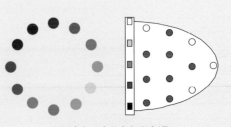

∧ 适合老人房的色相和色调

老人房常用色彩搭配		
暖色系	◎除了艳色调和明亮色调外，所有的暖色都可以用来装饰老人房 ◎避免了刺激感的暖色使人感觉安全、温暖，能够给老人心灵上的抚慰，令人轻松、舒适	
蓝色	◎蓝色虽然具有冷感，但只要恰当地组合，也可以用在老人房中 ◎宜避免纯度过高的蓝色，建议以浊色调、淡浊色调或暗色调为主，可用作软装，在夏天使用可以让老人感觉清凉	
绿色	◎绿色用在老人房中，少量的艳色调可做点缀，大面积运用建议使用浊色调或淡浊色调 ◎对于喜欢自然气息的老人，可以将绿色与棕色组合使用，如墙面使用绿色材质，家具和地面使用棕色材质等	
紫色	◎艳色调及淡色调的紫色都不适合老人房，容易显得过于个性和浪漫 ◎其他色调的紫色均可用在老人房中，但更建议作为增添层次感的色彩少量使用	
色相对比组合	◎恰当地使用对比色，能够使老人房的气氛活跃一点，如棕色搭配蓝色或米黄搭配紫色等，就非常适合老人房 ◎色相对比组合的效果要柔和，避免使用艳色调而产生刺激感	

续表

老人房常用色彩搭配		
色调对 比组合	◎深色和浅色的组合，通常墙面为浅色，家具、地面等为深色 ◎因为老人的视力减弱，如果采用色调对比，可以强烈一些，能够避免发生磕碰	

老人房的图案选择

老人房所使用的图案应符合其年龄特征，一些具有复古气质的图案更适合用来表现老年人的特点，包括中式图案、欧式图案以及自然系的植物类图案等，除此之外，较规整的几何类、条纹和格子图案也适合老人房。

老人房常用图案		
复古图案	◎大部分的老年人都具有怀旧情怀，因此使用复古图案能表现出他们的这种特点 ◎包括中式复古图案，如山水、福寿纹、神兽纹、书法纹、花鸟等；以及欧式复古图案，如佩里斯纹、莨苕纹等曲线为主的类型 ◎可用在墙面、布艺以及地面上	
植物类图案	◎以各类植物为元素的设计，包括花朵、植物叶片等类型的图案，大型和小型均适合 ◎选择此类图案时宜注意老人的性别，如果是老两口一起居住，建议选择较为中性化的类型，不宜选择过于女性化的类型 ◎此类图案可用壁纸、布艺、装饰画等载体来呈现	
规整的图案	◎具有一定规律性的图案能够使老人感到安全，也可避免视觉上的刺激感，例如规则的格子、矩形、条纹、圆形等 ◎若觉得单独使用此类图案比较单调，可以搭配前两种图案组合使用	

（6）婚房的配色与图案设计

红色在中国意味着喜庆、繁荣，最常被应用在婚房中，但现在的年轻人更加追求多样化、个性化，希望自己的婚房除了气氛喜庆、布局美观舒适之外，还要个性十足。

新式婚房使用红色时，可以作为点缀色使用。还可以完全脱离红色，采用黄、绿或蓝、白的清新组合，塑造不一样的新婚空间。毕竟婚房不仅仅要在新婚当天使用，而后还要在其中生活，应更多地尊重新人的配色喜好，更加符合生活需求。

配色范围解析

对婚房来说，基本上所有的色相都适合，但冷色需注意使用部位以及面积的控制，过大面积的冷色容易显得过于冷清，而失去喜庆感；婚房适合以比较淡雅及活泼的色调为主，深色适合做辅助或点缀使用。

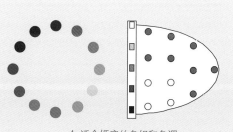

∧ 适合婚房的色相和色调

婚房常用色彩搭配		
红色	◎红色作为主色使用最喜庆，既可以组合无彩色系，如黑、白、金等，又可以组合近似色，如橙、黄等 ◎若主人不能接受过于鲜艳的红色，可以选择低明度或低纯度的红色，更沉稳一些	
其他暖色	◎黄色、橙色、粉红色等均可用来装饰婚房 ◎黄色、橙色为男性和女性均适合使用的色彩，用来装饰婚房也非常合适，特别是艳色调或明亮色调的类型，作为重点色、辅助色或者点缀色，能够活跃氛围而又不十分刺激	
对比色组合	◎选择一组具有对比感的女性代表色及男性代表色，背景色的色相宜具有强大一些的容纳力，例如白色、灰色等，可通过色相的对比，营造出具有活泼感的新婚氛围	
多彩色组合	◎可以选择红色、黄色、绿色、蓝色、紫色这些适合婚房的配色中的两到三种，甚至更多的色彩组合 ◎此种组合方式中，宜选择明度较高、纯度较低的色彩作为大面积用色，或使用具有纯净效果的白色做背景色	

婚房的图案选择

　　婚房需要营造或喜庆、或活泼的氛围，因此所选择的图案应具有这两种氛围。喜庆的图案包括中式或欧式传统图案、以圆形为主的图案等；活泼的图案主要为具有动感的类型。除了以上两种外，如果喜欢低调一些的感觉，则可以选择较为大众化的图案来装饰婚房，将活跃氛围的重点放在配色上。

婚房常用图案		
喜庆的图案	◎此类包括中式传统图案、欧式传统图案、以花朵为元素的图案、圆形为主的图案等 ◎规律性较强的类型，可用在空间界面上，如墙面；花型较自由的图案，适合用在靠枕、床品、地毯或装饰画上	
动感图案	◎以曲线为主的图案具有强烈的动感，除此之外，三角、色块拼接、不规则条纹等类型的图案也具有强烈的动感 ◎此类图案使用时要注意面积的控制和组合的方式，最适合小面积地用于软装饰上	
大众化图案	◎有一些类型的图案，无论是何种人群、何种建筑结构，均适合用其做装饰，如条纹、格子、纹理不明显的暗纹图案等	

思考与巩固

　　1. 不同的家居空间应如何进行色彩及图案设计？

　　2. 哪些色彩和图案可以用来调整有缺陷的户型？

　　3. 面对不同人群，应如何设计配色及选择图案？

二、室内风格与色彩图案

1. 现代风格的色彩与图案

(1) 现代风格特点

　　现代风格是比较流行的一种风格，追求时尚与潮流，非常注重居室空间的布局与使用功能的完美结合。现代主义也称功能主义，是工业社会的产物，其最早的代表是建于德国魏玛的包豪斯学校。

　　现代风格造型简洁，讲求装饰数量的精简，推崇科学合理的构造工艺，重视发挥材料的性能。室内装饰具有简洁明快、实用大方、夸张、个性、突破传统等特点，讲求体现材料自身的质地和色彩的配置效果。

（2）现代风格常用色彩搭配

无彩色系组合

　　黑、白、灰为主色，三种色彩至少出现两种。其中白色最能表现简洁感，黑色、银色、灰色能展现明快与冷调。

无彩色系组合		
白色＋黑色／灰色	◎白色组合黑色或灰色作为主要配色，具有经典、时尚的效果 ◎以白色做背景色，黑色用在主要家具上，适合小空间；黑色用在墙面适合采光好的房间 ◎白色与灰色组合，以白色为主、灰色为辅助，或者颠倒过来均可，兼具整洁感和都市感	
白色＋灰色／黑色＋金属色	◎以白色为主角色，在重点部位例如电视墙或沙发墙或小件的灯具及软装饰部分使用银色、浅金色或古铜色等，效果具有科技感和未来感	
无彩色系组合	◎第一种为黑、白、灰三色组合，可适当加入一些大地色，配色具有极强的时尚感，且层次更丰富 ◎第二种为以黑、白、灰组合为基础，加入金色或银色。加入银色增添科技感，加入金色增添低调的奢华感	
黑、白、灰＋高纯度彩色	◎以无彩色系的黑、白、灰为基调，搭配高纯度或接近纯色的色彩，作为主角色、配角色或者点缀色，能够塑造出夸张又个性的感觉 ◎组合的色彩色相不同，整体氛围会随之而变化	

棕色系

浅茶色、棕色、象牙色等为主色，表现具有厚重感的前卫性。若喜欢厚重感，可用不同明度的棕色系组合，无彩色系做点缀。

棕色系		
棕色系 + 黑、白、灰	◎棕色系包括茶色、棕色、象牙色、咖啡色等，因为是泥土的颜色，因此也被人们称为大地色系 ◎棕色系与无彩色系组合的前卫家居配色具有厚重而时尚的基调，而厚重感的多或少取决于棕色系色调的深浅	
棕色 + 高纯度彩色	◎用棕色放在主要位置表现前卫感，特别是使用暗色调的棕色时，少量地点缀一些高明度或高纯度的彩色可以减轻一些厚重感 ◎采用对比色的搭配是最具前卫感的搭配方式	

基色 + 强对比

以上面两种组合方式为基色，搭配高纯度对比色或多色，此种方式能够形成大胆鲜明、强烈对比的效果，创造出特立独行的个人风格。若为大面积居室，对比色中一种可作为背景色，另一种作为主角色；若为小面积居室，对比色可作为配角色或点缀色使用。

对比色组合		
两色对比	◎以一组对比色组合为主的配色方式，如红蓝、黄蓝、红绿等，互补色对比感最强 ◎用白色或灰色调节对比色，能令空间具有强烈的冲击力，配以玻璃、金属材料，效果更佳	
多色对比	◎以至少包含一组对比色为主，组合其他色相的多种色彩，进而产生对比效果 ◎为了避免过于刺激而失去家居氛围，可用无彩色系调节 ◎是现代风格中最活泼、开放的空间配色方式	

（3）现代风格代表性图案设计

抽象图案

在"色彩与图案的形式美设计"部分，曾讲解过形式美的构成要素为点、线、面和体，而在现代风格中，点、线、面就是图案设计中非常具有代表性的元素，它们会组成极具艺术感的抽象类图案，不仅体现在平面的图案上，同时也体现在立体造型和色彩组合上。在选择此类图案时，需要注意元素的组合形式。点如果数量过多会显得不够集中，面多了以后就会显得呆板，线如果数量多会显得层次不清，只有量恰到好处才能具有现代感和艺术性。

以"点"和"点"组成的"线"和"面"构成的图案

几何结构

现代风格的家居中，图案设计部分还会较多地运用几何结构类的元素组成的图案，这些元素主要包括直线、圆形、弧形等。使用此类的图案装饰空间能够强化现代风格的造型感和张力，同时体现其创新、个性的理念。而几何图形大多极具简洁感，也可以成为现代风格的居室装饰设计的最有力表现手段。

直线组成的几何图案

（4）现代风格配色与图案实战案例解析

配色与图案设计剖析：

　　本案例的色彩设计以棕色系组合黑、白、灰为主，奠定了现代风格的大气而有力度感的基调；再用蓝色与橙色的对比色组合做跳色，活跃了氛围并使现代风格的特征更显著。图案以抽象类型为主，因为视觉冲击力较强，所以仅小面积使用，进一步凸显风格特征的同时，也避免了层次的混乱。

设计师：张育涛 王仁簪 谈星耀　　　　　　**设计机构：**上海朗诗规划建筑设计院

对比色组合的装饰画及靠枕，在无彩色系背景的映衬下，视觉张力尤为突出

客厅虽然多处使用了对比色组合和几何图案，但因互相之间有所呼应，所以并不显得凌乱

卧室墙面设计较简约，在床头部分悬挂了一幅几何图形为主的抽象画做装饰，主次层次变得分明，同时进一步强化了现代感

墙面部分高纯度橘黄色的使用，不仅凸显出了现代风格的配色特点，同时也与其他家居空间的配色形成了整体

2. 简约风格的色彩与图案

(1) 简约风格特点

　　简约风格的特点是简洁明快、实用大方，讲求功能至上，形式服从功能，以简约为诉求，舍弃不必要的装饰，讲求"少即是多"的设计理念。在设计上，继承了现代风格的设计理念与先进工艺，提出了艺术化的空间生活方式。在满足功能的基础上，做到最大程度的简洁，利用整体的比例变化与精湛的细节施工工艺，将设计与空间的功能性融合，营造出简洁而具有品位的空间设计。可以这样说，简约风格就是现代风格极简艺术化的集中体现，所以此风格家居的色彩及图案设计也遵循简练、有效的原则。

（2）简约风格常用色彩搭配

白色为主

　　简约风格中的白色更为常见，白顶、白墙既清净又可与任何色彩的软装搭配。塑造温馨、柔和感可搭配米色、咖色等暖色；塑造活泼感需要强烈的对比，可搭配艳丽的纯色，如红色、黄色、橙色等；塑造清新、纯真的氛围，可搭配明亮的浅色。

白色为主		
白色 + 黑色	◎黑、白两色组合的简约风格家居配色，具有明快而又简约的氛围，是最为经典的配色方式之一 ◎此种配色方式将白色作为主色，使用黑色作为跳色，是最常见的手法，还能够起到扩大空间感的作用 ◎黑色大面积使用，会使人感觉阴郁、冷漠，可以以单面墙或者主要家具来呈现	
白色 + 灰色	◎明度高的灰色具有时尚感，与白色搭配时，做背景色或主角色均可，此种组合适用范围较广，比较容易搭配 ◎明度低的灰色可以以单面墙、地面或家具的方式来展现	
黑、白、灰 组合	◎无彩色系的黑、白、灰三色组合，是最为经典的简约配色方式，效果时尚、朴素 ◎以白色为主，搭配灰色和少量黑色的配色方式，是最适合大众的简约配色方式，且对空间没有面积的限制	
无彩色系 + 浅木色/米色	◎以黑、白、灰三色中的两色或三色组合为基调，搭配米色或浅木色用在地面、部分墙面或家具上，能够为简洁为主的空间增添一些温馨感和文艺气质	

无彩色系组合为主

简约风格家居的色彩设计离不开黑、白、灰三色，将其作为基调，而后搭配纯度较高的色彩进行点缀。具体设计时，可以根据居室的面积及采光决定黑、白、灰的组合形式及使用面积，如果面积小，不建议将黑色大面积用在墙面上。

无彩色系组合为主	
无彩色系 + 暖色	◎用黑、白、灰三种颜色中的一种或两种，组合红色、橙色、黄色等高纯度暖色，能够塑造出靓丽、活泼的氛围 ◎组合低纯度的暖色，则具有温暖、厚重的感觉
无彩色系 + 冷色	◎无彩色系中的黑、白、灰，搭配蓝色、蓝紫色、青色等冷色相，能够塑造出清新、素雅、爽朗的氛围 ◎根据所搭配冷色色调的不同，给人的感觉也会有一些微弱的变化
无彩色系 + 对比色	◎对比色在无彩色系的大环境下，具有极强的活跃性及张力，能够第一时间吸引人的视线 ◎对比色最具活跃感的是以白色做背景色，其次是灰色，若放在黑色家具上，活泼的氛围下还具有一丝高档感
无彩色系 + 多彩色	◎无彩色系占据主要位置如背景色或主角色的情况下，搭配多种彩色，是层次感最为丰富、氛围最为活跃的简约风格配色方式 ◎想要更加聚焦视线及增加张力，彩色中可以使用1~2种艳色调的色彩

（3）简约风格代表性图案设计

几何图案

几何图案是现代风格的代表性图案，简约风格延续了现代风格的一些特征，因此也延续了图案的部分特征。图案的选择很有讲究，需具有简洁和利落感的设计类型，才更能够彰显简约风格的特点。

简洁的几何图案

简洁的几何图案

直线条图案

直线条是简约风格中不可缺少的一种元素，无论是造型还是图案都离不开这种元素，因为直线条最能表现出简约风格简洁的特点。表现在图案方面，很少会单独地使用"线"，而是更多地采用直线组成的"面"搭配大块面的色彩来组合设计。

直线条块面图案

直线条块面图案

（4）简约风格配色与图案实战案例解析

配色与图案设计剖析：

    本案的设计以凸显空间的宽敞感和明亮感为出发点，因此选择以白色搭配米色做主色大面积使用，宽敞而又不乏温馨感。深灰色和黑色仅小面积使用，丰富了层次感，展现出了简约的配色特点，同时还少部分地搭配了一些彩色，让氛围"活"了起来。

简洁的配色搭配直线条为主的图案设计，整个公共区显得宽敞、整洁、明亮又大气

从餐厅的方向看过去，黑色的使用非常巧妙，通过高明度差的对比增加了明快的感觉

卧室内基本没有使用图案和造型，配以素净的色彩显得有些单调，粉红色加入进来，氛围立刻发生了改变

卫浴间中配色仅采用了无彩色系组合，以高明度的灰色搭配白色和少量黑色，干净而简洁

3. 北欧风格的色彩与图案

（1）北欧风格特点

　　北欧风格，是指欧洲北部国家挪威、丹麦、瑞典、芬兰及冰岛等国的室内设计风格。北欧设计既注重设计的实用功能，又强调设计中的人文因素，同时避免过于刻板的几何造型或者过分装饰，恰当运用自然材料并突出其自身特点，开创一种富有"人情味"的现代设计美学。

　　在北欧设计中，崇尚自然的观念比较突出，从室内空间设计到家具的选择，北欧风格都十分注重对本地自然材料的运用。从广义分类上来讲，它属于极简的一种，由于没有复杂的造型，家具款式简洁而有特色，所以非常适合中小户型。

（2）北欧风格常用色彩搭配

无彩色系为主

黑、白、灰为主色，三种色彩至少出现两种。其中白色最能表现简洁感，黑色、银色、灰色能展现明快与冷调。

无彩色系组合		
白色＋黑色	◎白色搭配黑色能够将北欧风格极简的特点发挥到极致 ◎通常是以白色做大面积布置，黑色做点缀，若觉得单调或对比过强，可以加入木质家具或地板做调节	
白色＋灰色	◎与白色搭配黑色相比，白色与灰色的组合，体现北欧特点时仍然具有简约感，但对比有所减弱，整体呈现素雅感 ◎灰色具有不同明度的变化，能够体现出细腻、柔和的感觉	
黑、白、灰组合	◎白色、灰色、黑色组合，三种色彩实现了明度的递减，层次较前两种配色方式更丰富 ◎这是最体现北欧极简主义的一种配色方式，大部分情况下是以白色为主角色，灰色为辅助色，黑色做点缀色	
黑、白、灰＋木色	◎木类材料是北欧风格的灵魂，淡淡的原木色最常以木质家具或者家具边框呈现出来 ◎多与白色或灰色组合，是非常具有北欧特点的一种配色搭配方式	

淡色调、浊色调

　　除了无彩色系为主的配色方式外，北欧风格中还会使用一些彩色，但作为主角色的彩色均比较柔和，多为淡色调或浊色调，如具有柔和感和纯净感的浅蓝色、果绿色、柔粉色、米色等。高彩度的纯色比较少使用，即使出现，也是作为点缀色。

淡色调、浊色调		
蓝色或青色	◎在黑、白、灰的基调下，有的时候会觉得有些单调，就会加入一些彩色进行调节，蓝色或青色属于冷色系中较为常用的两种，通常会做软装主角色或点缀色，能够塑造出具有清新感和柔和感的氛围	
绿色系	◎北欧风格中使用的绿色多为柔和的色调，例如果绿、薄荷绿、草绿等，与白色或原木色、棕色搭配，具有舒畅感。绿色也常依托于木材料涂装绿漆的形式表现出来	
粉色系	◎粉色一般为淡浊色调，最具代表性的是茱萸粉 ◎以粉色为主角色，能够体现出唯美的气氛，且具备女性特征，适合文艺范的女性	
黄色系	◎黄色是北欧风格中可以适当使用的最明亮的暖色，与白色或灰色搭配最适宜，可以用在抱枕上，也可以用在座椅上	

（3）北欧风格代表性图案设计

重复结构的几何图案 ▶

以某一种几何元素为基础，采用重复性结构使其有规律地反复出现组成的图案，是北欧风格中最常使用的类型，常见的元素包括有：三角形、箭头、棋格、菱形等，通常会搭配块面式配色进行设计组合，会使用在墙面及布艺等部位。

重复结构几何图案

重复结构几何图案

植物或动物元素图案 ▶

北欧风格虽然简约，但同时又带有一些自然气息，这是由北欧国家的地域特征决定的。因此，各类阔叶植物图案、麋鹿图案、火烈鸟图案等也经常被用在北欧家居中。此类图案最常用在装饰画或布艺等部位。

动物元素图案

植物元素图案

植物元素图案

（4）北欧风格配色与图案实战案例解析

配色设计剖析：

　　本案例将绿色定为北欧家居空间中的主色，组合白色、棕色及木色，清新而又不乏温馨感，虽然色彩数量较少，但色调却非常丰富，所以并无单调感。各空间的墙面均选择了不同明度的绿色做组合，使各墙面的装饰主体更突出的同时，还体现出了"统一与变化"的设计美。图案以几何元素为主，并使用黑加白的色彩组合，凸显出了北欧风格简约的特点。

餐厅延续了客厅的配色方式，除吧台外的墙面均使用绿色，家具除了棕色外加入了灰色，使层次更丰富

客厅中沙发的色彩相对较深，因此在沙发墙和靠枕上使用了几何图案的装饰，用动感来平衡沙发的重量感，同时使空间的装饰主体更突出

卧室墙面部分的绿色与公共区相比，略降低了明度，更符合卧室的功能性，但略显单调，因此使用一组几何结构图案的、色彩较突出的装饰画来装饰

在厨房和卫浴间中，为了呼应整体设计，仍使用了绿色，但仅作为配角色，而更多地使用了白色，以凸显宽敞、整洁的感觉

4. 工业风格的色彩与图案

（1）工业风格特点

工业风格粗犷、神秘，极具个性，准确地说它是将工厂与美式风格的一些元素融合在一起的一种设计方式，具有浓郁的怀旧气息。

工业风格的墙面多保留原有建筑的部分容貌，比如说墙面不加任何的装饰，把墙砖裸露出来，或者采用砖块设计或者油漆装饰，亦或者可以用水泥墙来代替；室内的窗户或者横梁上都是做成铁锈斑驳，显得非常破旧；在天花板上基本上不会有吊顶材料的设计，通常会看到裸露的金属管道或者下水道等，把裸露在外的水电线和管道线通过颜色和位置上的合理安排，组成工业风格家装的视觉元素之一。

（2）工业风格常用色彩搭配

无彩色系组合

工业风配色设计中比较能够展现风格特点的配色之一就是无彩色系的运用。在此种基调之上又会适量地加入如木色、棕色、朱红、砖红等色彩中的一种或几种，展现怀旧气息。

无彩色系组合		
无彩色系组合	◎黑白灰色系十分适合工业风，黑色神秘冷酷，白色优雅轻盈，灰色细腻，将它们混搭交错可以创造出更多层次的变化 ◎在搭配室内装潢与家具颜色的时候，选用纯粹的黑白灰色系，可以让家里更有工业风的感觉	
无彩色系 + 棕色/朱红	◎皮革制品是工业风的代表元素之一，常用在家具上，例如皮革和铆钉结合的沙发 ◎皮革通常为棕色系或朱红色，所以此种配色在工业风家居中也非常常见	
无彩色系 + 木色	◎做旧处理的木制品是工业风的另一个代表元素，会用在家具以及地面上，所以无彩色系组合木色的配色方式，使用频率也非常高	
无彩色系 + 棕色 + 其他彩色	◎仍然是以无彩色系中的两种或三种组合，作为基调，地面或家具会使用棕色 ◎其他类型的彩色如蓝色、绿色等，可用在部分墙面上，也可作为点缀色或辅助色使用	

砖红色

　　红砖是工业风格的一个具有显著特点的代表元素，它主要出现在墙面上，裸露全部或部分本色，所以砖红色是工业风格家居配色设计中出现频率很高的一种色彩。因为砖墙经常与水泥搭配，所以砖红色常与水泥灰组合。

砖红色		
砖红色 + 无彩色系	◎以灰色的水泥墙奠定工业风古旧的基调，搭配部分砖红色，老旧却摩登感十足 ◎白色或黑色通常会作为辅助色使用，例如用在顶面、部分墙面或家具上	
砖红色 + 棕色 + 无彩色系	◎在上一种配色的基础上加入一些棕色做调节，层次感更丰富一些 ◎棕色通常会用在家具及小件软装饰上，例如工艺摆件	
砖红色 + 无彩色 系 + 单彩色	◎在砖红色和无彩色系的基调中，可以适量地使用一些彩色来中和灰色、砖红色的工业感，令空间更温馨。这些彩色通常会用在软装部分，有时也会装饰墙面或家具	
砖红色 + 无彩色 系 + 多彩色	◎基调的组成与第一种配色方式相同，不同的是组合中彩色的数量有所增加，会显得更活泼一些	

（3）工业风格代表性图案设计

砖纹图案 ▸

　　工厂裸露的墙面经常可以看到砖纹，它也就成为工业风的一个代表性图案。当受到建筑结构限制无法使用红砖时，可以用砖纹的壁纸、文化石等带有砖纹图案的材料来代替红砖做装饰。

美式风格图案 ▸

　　工业风真正兴起于美国，所以带有一些美式特征，图案设计上也延续了这种特征，会使用一些旧式的美式风格图案做装饰。这些图案通常用在软装上，包括交通工具、美式人物、星条旗等，材质上通常会带有做旧色彩，以符合工业风特征。

美式人物装饰画

青砖墙

红砖图案

星条旗图案

（4）工业风格配色与图案实战案例解析

配色设计剖析：

　　本案例属于小面积的户型，因此顶面和部分墙面采用了白色，搭配黑色、棕色、砖红色等色彩，既具有工业风配色特点又能够彰显宽敞感。因为面积不大，浊色调及暗色调的色彩较多时容易显得单调，因此搭配了一扇高纯度黄色的门以及对比色组合的装饰画来活跃氛围。整个居室中图案设计的重点放在了电视墙部分，使用砖纹文化石做装饰，凸显出了工业风格怀旧、复古又粗犷的特点。

电视墙采用砖纹文化石搭配黑色和黄色门，展现出了工业风格的怀旧感和个性

墙面与沙发采用了高明度差的配色方式，显得很明快，弱化了棕色的沉闷感

餐厅中的墙面多为黑色，所以顶面和地面都使用了高明度色彩，既表现出了风格特点，又能避免压抑感

卫浴间内以水泥灰为主色，搭配白色的洁具，极具工业风粗犷的气质。大面积的同色容易单调，所以墙面上的水泥砖选择了纹理较明显的款式

5. 中式风格的色彩与图案

（1）中式风格特点

在现代室内装饰设计中，常见的中式风格包括中式古典风格和新中式风格两类。

中式古典风格在室内布置、线形、色调及家具、陈设的造型等方面，吸取传统装饰"形""神"的特征，以木材为主要建材，充分发挥木材的物理性能，运用色彩装饰手段，如彩画、雕刻、书法以及家具陈设等艺术手段来营造意境。

新中式风格是将中式元素与现代材质巧妙糅合，提炼明清时期家居设计理念的精华，将其中的经典元素提炼并加以丰富，呈现全新的传统家居气息。它不是中式元素的堆砌，而是将传统与现代元素融会贯通的结合。与中式古典风格相比较，新中式风格更简约、更现代，符合现代建筑结构特点。

（2）中式古典风格常用色彩搭配

中式古典风格会较多地使用木材，而木材又多为棕色系，因此，在中式古典风格的居室中，棕色常被用作主角色使用。它的运用范围比较广泛，墙面、家具、地面等部位通常至少两个部位会同时使用棕色系。为了避免棕色面积大而产生过于沉闷的感觉，会加入高明度或高纯度的色彩做调节。

中式古典风格常用色彩搭配	
棕色 + 白色	◎两种色彩可以等分运用，塑造出古朴又不失明快感的氛围 ◎也可以将棕色作为较大面积的主角色，白色作为配角色使用
棕色 + 白色 + 淡米色	◎棕色同时搭配白色和明度接近白色的淡米色 ◎此种配色方式比棕色与白色的配色方式，层次感更丰富一些，但整体上仍给人素雅的感觉
棕色 + 白色 / 米色 + 单一皇家色	◎以棕色系为主角色，白色或米色做配角色，与纯度略高一些的红色、黄色、蓝色、绿色、紫色等具有皇家特点的彩色中的一种组合 ◎所使用的皇家色能够减弱大面积棕色带来的厚重感，并增加高贵气质
棕色 + 白色 / 米色 + 多种皇家色	◎组合方式与前一种类似，但皇家色的数量有所增加，至少会使用两种 ◎当所使用的皇家色数量增加后，居室内的氛围会变得更活泼一些，华丽感也会有所提升

（3）中式古典风格代表性图案设计

吉祥寓意的图案

蝙蝠、鹿、鱼、鹊是中式古典风格中较常见的装饰图案，它们具有吉祥的寓意。蝙蝠寓意"有福"；鹿寓意"厚禄"；鱼寓意"年年有余"；鹊寓意"喜鹊报喜"。除此之外，梅、兰、竹、菊等图案也较常用，它们也具有隐喻作用。竹寓意人应有气节；梅、松寓意人应不畏强暴、不怕困难；菊寓意冷艳清贞；石榴象征多子多孙；鸳鸯象征夫妻恩爱；松鹤表示健康长寿。

菊花变形图案 ·············

菊花图案 ·············

窗棂

窗棂是中国传统建筑的框架结构设计，是中式建筑的代表性元素之一，在设计时，可将其看成带有立体感的图案。窗棂的造型方式很多，有以矩形为元素的规整类型，也有由三边或四边构成的不规则类型。窗棂上往往雕刻有线槽和各种花纹，构成种类繁多的优美图案。除了窗棂外，古建筑的木质窗花也经常出现。

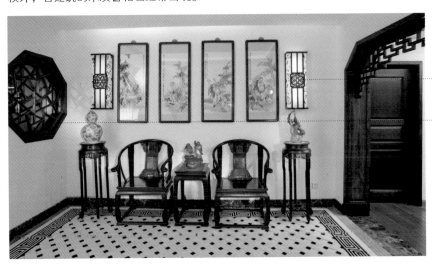

窗花图案

窗棂

（4）中式古典风格配色与图案实战案例解析

配色设计剖析：

　　本案例的各空间并不是特别宽敞，因此墙面部分的设计比较简洁，而将体现中式古典风格的重点部分放在了家具上。为了避免过于沉闷而产生压抑感，顶面和墙面以白色和淡米色为主，而家具则选择了具有古典代表性的棕红色实木家具，配以精致的雕花，彰显出了传统装饰的"形"与"神"。

设计师：沈烤华　　　　　　　　　　　　　　　**设计机构：**SKH 室内设计工作室

电视墙以中国传统水墨画图案的壁纸做装饰，搭配木线条造型，犹如一幅装裱完成的水墨作品，彰显古典神韵的同时，也展现出了居室主人的高雅品位

清式家具的体积比较小，摆放在面积较小的客厅内更具和谐感。家具的款式、色彩以及其上的精致雕花图案，均为塑造风格的点睛之笔

餐厅虽然面积不大，但顶和地面均为浅色，而重色放在了墙面和家具部分，通过色调对比使整体显得复古又明快

卧室的设计非常简洁，将彰显风格特征的重点放在了墙面和家具的图案上，大气而不失古典气质

（5）新中式风格常用色彩搭配

黑、白、灰组合

此种配色方式灵感来源于苏州园林和京城民宅，以黑、白、灰色为基调，有时会用明度接近黑色的暗棕色代替黑色，或在基色组合中加入一些棕色做调节。无论何种方式，都给人朴素的感觉。

黑、白、灰组合		
黑、白、灰组合	◎黑、白、灰三色中的两色或三色组合作为配色主角，源于苏州园林的配色 ◎装饰效果朴素，具有悠久的历史感，其中黑色可用暗棕色代替	
白色/浅米色＋黑色/暗棕色	◎通常以白色为主角色，黑色做配角色或点缀色使用 ◎整体效果朴素而时尚，给人一种黑白分明的畅快感，如果觉得黑白搭配的色调对比太强，可用米色代替白色，或用暗棕色代替黑色	
黑、白、灰＋棕色	◎以黑、白、灰中的两种或三种组合，作为基调，与棕色做搭配，朴素而不乏时尚感 ◎若以大地色为主角色，米色或米黄色为配角色，则具有厚重感和古典感，使用频率也非常高	
黑、白、灰＋棕色＋其他彩色	◎以黑、白、灰中的两种或三种组合，作为基调，地面或家具会使用棕色 ◎其他类型的彩色如蓝色、绿色等，可用在部分墙面上，也可作为点缀色或配角色使用	

黑/棕、白、灰＋彩色

在黑/棕、白、灰基础上以皇家住宅的红、黄、蓝、绿、紫、青等作为局部色彩。棕色也经常会出现在配色组合中，但使用位置或使用面积并不十分突出。

黑/棕、白、灰＋彩色		
黑/棕、白、灰＋单彩色	◎黑/棕、白、灰三色中的两色或三色组合作为配色主角，搭配皇家色中的一种 ◎在朴素的背景色的映衬下，所使用的彩色的特征会显得尤其突出	
黑/棕、白、灰＋近似色	◎最常采用的近似色是红色和黄色，它们在中国古代代表着喜庆和尊贵，是具有中式代表性的色彩 ◎将两者组合与大地色系或无彩色系搭配，能够烘托出尊贵的感觉	
黑/棕、白、灰＋对比色	◎对比色多为红蓝、黄蓝、红绿对比，与红色、黄色一样，同样取自古典皇家住宅，在主要配色中加入一组对比色，能够活跃空间的氛围 ◎这里的彩色明度不宜过高，艳色调、明亮色调或浊色调均可	
黑/棕、白、灰＋多彩色	◎选择彩色中两种以上的色彩与黑/棕、白、灰等色彩组合，是所有新中式配色中最具动感的一种 ◎色调可淡雅、可鲜艳、也可浓郁，但这些色彩之间最好拉开色调差	

（6）新中式风格代表性图案设计

花鸟图案

此类图案来源于大自然中的花、鸟、虫、鱼等，在新中式的家居空间中使用频率较高，主要用在墙面、装饰画以及布艺等部位。此类图案可以将中式的神韵展现得淋漓尽致。

梅花图案　　　　*花鸟图案*

水墨图案

水墨画是中国非常具有代表性的艺术创作形式，而现代的水墨画创作形式更加多样化，可具象可抽象。在新中式风格的家居中，采用以水墨元素为主的图案，不仅能够表现出新中式风格的特点，还能够增添艺术感。

水墨图案

水墨图案

（7）新中式风格配色与图案实战案例解析

配色设计剖析：

　　本案例以无彩色系组合较为浓郁的彩色为配色方式，因为空间比较宽敞，所以墙面选择了明度略低于白色的灰色系，彰显宽敞感的同时会更具细腻感。家具以无彩色系搭配为主，将跳跃性的彩色以其他的软装来呈现，符合现代人的审美习惯。图案设计方面选择以现代的抽象手法来表现古典元素的神韵，简洁而又充分地体现出了中国传统美学精神。

客厅的配色以黑白灰为主，红色、黄色和蓝色以穿插的形式渗透在其中，素雅之中透着贵气

餐厅中桌面上的花瓶与墙面装饰画色彩遥相呼应，再现了移步换景的精妙小品。对比色的碰撞为素雅的主调增添了一些华丽感，与客厅的设计呼应

过道墙面仅使用一张犹如直上袅袅炊烟姿态的抽象水墨壁纸做装饰,虽然简单,却彰显出了新中式风格的意境

卧室内的色彩搭配与公共区有所呼应,但色彩数量减少,更具静谧感,符合功能性需求。背景墙的一部分选择水墨云纹图案来装饰,彰显复古韵味

6. 欧式风格的色彩与图案

（1）欧式风格特点

在现代室内装饰设计中，常见的欧式风格包括欧式古典风格和简欧风格两类。

典型的欧式古典风格，以华丽的装饰、浓烈的色彩、精美的造型达到雍容华贵的装饰效果。室内多用带有图案的壁纸、地毯、窗帘、床罩及帐幔以及古典式装饰画或物件；门窗上半部多做成圆弧形，并用带有花纹的石膏线勾边。客厅顶部喜用大型灯池，并用华丽的枝形吊灯营造气氛，室内有真正的壁炉或假的壁炉造型。

简欧风格是将欧式古典风格与现代元素相结合而产生的风格，保留了欧式古典风格的神韵，但造型、配色等更简洁，既保留了传统材质和色彩的大致风格，又摒弃了过于复杂的肌理和装饰，简化了线条。

（2）欧式古典风格常用色彩搭配

金色/明黄色

金色或明黄色能够体现出欧式古典风格的高贵感，金色常用在描金家具、装饰物、墙面雕花线条等部位，在整体居室环境中起点睛作用，充分彰显古典欧式风格的华贵气质。

金色/明黄色		
金色/明黄	◎此种色彩组合以金色/明黄为基调，具有炫丽、明亮的视觉效果，是最能彰显奢华气氛的色彩组合，能够体现出欧式古典风格的高贵感，构成金碧辉煌的空间氛围	
金色/明黄+彩色	◎彩色选择具有欧式代表性的紫色、红色等色彩，金色通常以描边、饰品等方式出现 ◎此种色彩搭配方式能够充分彰显出欧式古典风格的华贵气质	

红棕色

红棕色具有古典气质，符合欧式古典风格的特点。在室内设计中，红棕色常会出现在兽腿家具、护墙板等部位，充分营造出华贵、典雅的欧式空间，彰显贵族气息。

红棕色		
红棕色+金色/银色	◎红棕色木质材料加金漆或银漆描边 ◎此种配色方式，能够彰显出欧式古典家居奢华、大气之感	
红棕色+浊色调/深色调蓝色	◎红棕色与蓝色属于对比色组合 ◎当觉得大面积的红棕色显得有些沉闷时，就可以选择或淡雅或浓郁的蓝色系列的家具或饰品与其组合，用色彩对比活跃氛围	

（3）欧式古典风格代表性图案设计

卷曲图案

此类图案的设计参照为自然界中的事物，选取有特色的部分，做以曲线为主的艺术加工，形成了独特的欧式纹理，如茛苕纹、鸢尾花纹、玫瑰花纹、贝壳纹等。此类纹理多用在墙面壁纸和家具上。

卷曲图案

卷曲图案

卷曲图案

重复性图案及故事图案

重复性图案是以卷曲类型图案中的某种或多种为元素，加入一些其他元素形成单位，而后重复地排列这些单位，形成的典型欧式纹理，包括大马士革纹、佩兹利纹、卷草纹等。

故事性图案是以人物、圣经故事、劳动场景、田园风光等为元素设计的欧式图案，代表性的为朱伊纹。

茛苕纹图案

朱伊纹图案

茛苕纹图案

（4）欧式古典风格配色与图案实战案例解析

配色设计剖析：

　　本案例以红棕色为主的方式表现欧式古典风格的特点。红棕色集中在墙面及家具部分，为了避免过于厚重而使人感到压抑，顶面和地面均采用了高明度色彩，这样做使空间重心位于中间部分，整体配色虽然厚重但也具有一些动感。图案设计用壁纸、地毯及家具雕花来呈现，具有典型的欧式古典风格特征。

起居室的色彩以红棕色为主，加入了一些蓝色系做点缀，低调的对比色组合在古典之中融入了些许活力感

餐厅墙面以红棕色为主，搭配金色的镜面，复古而具有华丽感。家具细节部分的雕刻图案和布艺图案体现出了欧式古典风格精致的一面

卧室中的棕色集中在硬装部分，为了使氛围更舒适，床选择了高明度的米灰色。家具上的金色雕花装饰，增添了低调的奢华感

书房的书柜墙和地面均使用了红棕色，古典且略厚重，因此另一十墙面选择了古典纹理的灰色壁纸来做平衡

（5）简欧风格常用色彩搭配

白色为主 ▶

　　背景色多为白色，搭配同类色（黑色、灰色等）时尚感最强；搭配金色或银色的饰品，能够体现出时尚而又华丽的氛围；搭配米黄及蓝或绿，是一种别有情调的色彩组合，具有清新自然的美感。

白色为主		
黑、白、灰组合	◎黑、白、灰中两种或三种组合，作为空间中的主要色彩的配色方式 ◎白色占据的面积较大，不仅用在背景色上还会同时用在主角色上，搭配同类色，效果朴素、大气而不乏时尚感	
白色＋蓝色／蓝紫色	◎搭配白色，多用明亮色调或淡浊色调蓝色／蓝紫色，暗色系比较少用 ◎此种色彩组合能够形成一种别有情调的氛围，十分具有清新的美感	
白色＋绿色	◎这也是一种具有清新感的新古典配色方式，但比起蓝色的冷清感来说，是一种没有冷感的清新 ◎绿色多为柔和色调，基本不使用纯色 ◎绿色很少在墙面上大面积地运用，通常是作为主角色、配角色或点缀色使用	
白色＋金色／银色	◎用金色搭配纯净的白色，是具有低调奢华感的配色方式，金色常做点缀色使用 ◎白色＋银色不如白色＋金色那么奢华，但却具有一些时尚感，银色常作为点缀色或者家具边框出现	

白色为主	
白色＋紫色／紫红色	◎紫色／紫红色常用作配角色、点缀色，是倾向于女性化的配色方式 ◎也可以利用不同色系的紫色来装点家居，如运用深紫色／深紫红色、浅紫红色进行交错运用，会令家居环境更显典雅与浪漫 

暗红及大地色

以暗红或大地色为主的配色方式，少量地糅合白色或黑色，最接近欧式古典风格。可加入绿色植物、彩色装饰画或者金色、银色的小饰品来调节氛围。若空间不够宽阔，不建议大面积使用大地色系做墙面背景色，以免使人感觉沉闷。

暗红及大地色		
大地色＋白色＋米色／米黄色	◎以米色／米黄色为背景色或主角色时，能够塑造出明快而朴素的气氛 ◎若以大地色为主角色，米色／米黄色为配角色，则具有厚重感和古典感	
大地色＋白色＋黑色	◎通常以白色做背景色，用在顶面、墙面甚至是地面上，黑色作为点缀色出现在家具边框或墙面上 ◎大地色多以家具、地板、地毯、靠枕等方式加入进来，整体效果朴素中具有复古感	
暗红色＋白色／米色	◎米色或白色与暗红色搭配，有时会同时使用白色和米色，适当地加入一些黑色可以做调节，是最接近欧式古典风格的配色方式 ◎这种配色方式复古且带有一点明媚、时尚的感觉	

（6）简欧风格代表性图案设计

块面图案

在简欧风格中，墙面不再使用护墙板等大面积覆盖墙面的造型材料，而是用线条围合成块面状的图案装饰墙面，通常为规整的方形或长方形。

块面图案   块面图案

欧式图案

欧式古典风格中的代表性图案均可用在简欧风格的家居中，但用法有所区别，更多的会用在壁纸或布艺上，而基本不再用作家具造型。

佩兹利纹图案

佩兹利纹图案

（7）简欧风格配色与图案实战案例解析

配色设计剖析：

　　本案例以黑、白、灰的组合为色彩基调，彰显简欧风格简洁的特点。在不同空间中，分别加入了蓝色和棕色，统一中做些许变化，使整个家居空间更具艺术感。与简洁的配色相呼应的是块面为元素的图案设计，主要集中在墙面部位，可以使空间的装饰重点更突出，同时进一步凸显简欧特征。

设计师：郭斌　　　　　　　　　　**设计机构：**重庆星翰装饰设计工程有限公司

客厅以白色为主，搭配同为无彩色系的其他色彩，简练、整洁却不乏欧式风格的神韵。色彩数量较少，因此墙面和地面分别使用了块面和几何元素的图案来丰富整体层次

餐厅配色设计在与客厅呼应的基础上，略作了一点变化，加入了淡蓝色，清新但不冷清。墙面上的块面造型与客厅呼应，使公共区的设计整体感更强

卧室更多地使用了棕色来与白色搭配，效果朴素而明快。布艺上小面积地使用了简化的欧式纹理图案，彰显简欧风格的特点

卫浴间的面积较小，为了凸显整洁感和宽敞感，选择了白色石材做装饰，石材上的灰色纹理很好地避免了全部白色的单调感

7. 法式风格的色彩与图案

(1) 法式风格特点

　　法式风格是一种推崇优雅、高贵和浪漫的室内装饰风格，在布局上突出轴线的对称，装饰效果高贵典雅，细节处理上运用了法式廊柱、雕花、线条，制作工艺精细考究。法式风格追求色彩和内在联系，不过有时也有意呈现建筑与周围环境的冲突。因此，法式建筑往往不求简单的协调，而是崇尚冲突之美。在设计上讲求心灵的自然回归感，给人一种扑面而来的浓郁气息。

（2）法式风格常用色彩搭配

白色为主

以白色为主的配色方式，有两个大的种类：一是白色大面积使用，黑色及灰色做主角色、配角色，金色或银色做点缀色使用；二是白色搭配具有自然感的彩色。

白色为主		
黑、白、灰组合	◎白色常做背景色，黑色会结合一些带有显著特点的材料，例如丝绒或带有变换感的布艺，搭配金色或银色的边框	
白色＋紫色／粉色	◎法国是浪漫的国度，所以最具浪漫气息的紫色、粉色经常被使用，但是很少使用暗色，多为淡色或者深色	
白色＋蓝色／青色	◎蓝色为主的法式居室具有高雅而清新的感觉，也是很常见的色彩，多为淡雅柔和的色调，给人柔和不冷冽的感觉	
白色＋米色／米黄色	◎用米色或米黄色搭配白色作为法式居室的主色，能够使空间具有温馨感，多搭配一些带有田园图案的壁纸或少量的深色木质来增添层次感。这种配色方式多用在卧室中，客厅等公共空间不常用	

大地色系

以大地色系为主的配色方式，色调多给人典雅感，基本没有刺激的色调，通常还会搭配绿色、米色来制造层次感，家具边框以木质居多，且以白色和深色木本色为主。

大地色系		
米色 + 白色 + 大地色系	◎用米色作为法式居室的主色，能够使空间具有温馨感，多搭配一些大地色系的木质来增添层次感，白色的作用是调节层次感，避免过于暗沉	
大地色 + 绿色 / 蓝色	◎大地色常与蓝色组合使用，塑造兼具亲切感和自然气息的居室氛围，为了烘托自然韵味，经常会搭配红色、粉色使用，但色相对比不会太激烈 ◎蓝色能够中和大地色的厚重感，使氛围更清新	

金银 / 对比色

金色和银色是法式风格极具代表性的色彩，能够充分表现出华贵、典雅的氛围；对比色的组合通常比较柔和，典雅中略带活泼感。

金银 / 对比色		
金色 / 银色	◎金色是法式风格中比较常见的一种颜色，无论是家具还是墙面上都经常使用，但这种金色并不庸俗也不显奢华，具有低调、典雅的感觉，有时候金色也会用银色来代替	
对比色组合	◎法式风格中最常见的对比色就是蓝色和米黄色的对比，蓝色或淡雅或宁静，不会选择具有尖锐感的纯色或深色，其次就是田园中常见的红绿组合，其他颜色的对比比较少用	

（3）法式风格代表性图案设计

植物纹样图案

　　法式风格在设计上融入了很多自然元素，以卷曲弧线为主的植物纹样就是非常具有代表性的图案。此类图案多使用在壁纸、布艺或以彩绘的方式用在木质家具上。

植物纹样图案　　　　　　　　　　　　　　　植物纹样图案

曲线造型图案

　　法式风格的室内基本上都带有一些多变的曲线，不仅体现在雕花装饰上，也体现在图案设计上。比如以"L"形、"S"形、"C"形的弯曲弧度为元素设计的各种图案。

曲线造型图案　　　　曲线造型图案　　　　曲线造型图案

（4）法式风格配色与图案实战案例解析

配色设计剖析：

　　本案例以大地色系组合蓝色的配色来表现法式风格特征，在白色以及明度接近白色的米色和灰色的衬托下，彰显出高贵而典雅的气质。除这些色彩之外，还有一种色彩贯穿在各个空间之中，它就是金色，主要用在家具边框部分，搭配曲线造型的雕花，为整体装饰增添了一丝奢华感。

客厅中融合了多种法式风格的代表性色彩，如蓝色、大地色、白色等，搭配具有法式特点的曲线图案，清新而典雅

过道部分无论是色彩还是图案设计均与客厅呼应，同时又做了一些小的变化，统一而不单调

餐厅的配色方式仍与客厅呼应，但因位置较特殊，无法设计背景墙，因此将大地色用在了餐桌上。地面部分的图案设计与客厅保持一致的同时，还起到了划分区域的作用

卧室内以大地色和米色为主，加入了蓝色做点缀，温馨、雅致却不显沉闷。曲线图案多以暗纹形式呈现在布艺上，虽然用量很多却无凌乱感

8.美式风格的色彩与图案

(1) 美式风格特点

现代室内装修中，常见的美式风格包括美式乡村风格和现代美式风格。

美式乡村风格不追求繁琐和奢华，而是以舒适为导向，强调"回归自然"，讲求轻松和舒适感的塑造。自然、怀旧、散发着浓郁泥土芬芳的色彩是美式乡村风格的典型特征，色彩以自然色调为主，绿色、土褐色最为常见，壁纸多为纯纸浆质地，家具颜色多用仿旧漆，式样厚重，造型设计中多有地中海样式的拱。

现代美式风格无论是造型还是配色，相对于美式乡村风格都更简约、更丰富、更年轻化。布艺多使用低彩度棉麻，沙发以布艺居多，也有皮质的款式，线条流畅，没有过多的装饰。柜子、书桌等仍然是以木料为主，主要有两种形式，一是具有乡村特点的原木色，二是原木经过刷漆处理，漆的颜色多为米色、白色、蓝色、绿色等，有时还会做旧。

（2）美式乡村风格常用色彩搭配

美式乡村风格有两种常见的配色方式：一是以大地色也就是泥土的颜色为主，代表性的色彩是棕色、褐色以及旧白色、米黄色；二是以比邻配色为主，最初的设计灵感源于美国国旗的三原色，红、蓝、绿出现在墙面或家具上，其中红色系也可被棕色或褐色代替。

美式乡村风格常用色彩搭配		
大地色系 + 白色 / 米色	◎用棕色、咖啡色等厚重的大地色系色彩与白色或米色搭配组合，属于较为明快的美式配色	
大地色系 + 绿色 / 蓝色	◎大地色 + 绿色，通常为大地色系占据主要地位，绿色多用在部分墙面或者窗帘等布艺装饰上 ◎大地色 + 蓝色，属于比邻配色的一种演化，用淡雅的蓝色组合大地色，是最具清新感的美式配色	
红色 + 白色 + 蓝色或红色 + 绿色	◎源于美国国旗的配色设计，具有浓郁的美式民族风情，红色也可替换为棕色或褐色 ◎绿色与红色属于对比色组合，但两者都不会使用艳色调，而是选择明度低一些的色调，兼具质朴感和活泼感	

（3）美式乡村风格代表性图案设计

花鸟图案

由于美式风格追求自然感，因此在进行图案设计时，经常会采用花、鸟、虫、鱼这类的自然类型图案，用在壁纸、靠枕或床品上，以体现出浓郁的自然风情。

花鸟图案

欧式图案

受到欧洲艺术的影响，美国乡村风格中也会较多地使用带有典型欧式特征的图案装饰家居，例如佩兹利纹、莨苕纹等，多用于壁纸、布艺等部位。

欧式图案   欧式图案

（4）美式乡村风格配色与图案实战案例解析

配色设计剖析：
　　本案例以带有浓郁自然和质朴感的大地色作为主色，搭配白色和淡米黄色做基色部分层次的调节，而后，为了避免单调感并增加一些活跃的氛围，又将红色、蓝色、绿色等运用在了软装之中，再用带有浓郁田园气息的花鸟、条纹、格子等图案与配色结合，使家中充满了自然、舒适的气息。

客厅的基调是素雅而温馨的，但选择了具有复古感的对比色组合的家具，展现出了具有个性感和潮流性的美式乡村风配色

餐厅延续了客厅的主体色彩组合方式，但去掉了红色，可以避免拥挤感，同时具有此作用的还有餐椅背部镂空式的图案设计

卧室内采用了上轻下重的
配色方式，墙面采用米色
搭配竖条纹图案，整体设
计不仅与其他空间呼应，
还起到了拉伸房高使比例
更舒适的作用

卫浴间的洗漱区位于开敞
空间中，为了加强整体感，
配色仍使用了大地色和蓝
色的组合

（5）现代美式风格常用色彩搭配

现代美式的配色常见有三种类型：一是比较常见的以蓝色为主的配色方式，用蓝色组合白色、米色以及黄色和红色等，具有清新感；二是以大地色为主，搭配米色、蓝色或绿色等；三是以无彩色系的黑、白、灰为主的方式，较为简约。

现代美式风格常用色彩搭配		
蓝色系 + 白色 / 米色	◎蓝色是现代美式风格中比较常见的一种代表色，与白色组合时多会穿插运用，例如用在墙面上或主要家具上，是最具有清新感的现代美式配色方式，对空间大小基本没有要求	
蓝色 + 对比色	◎蓝色组合黄色、红色等对比色的配色方式，属于现代美式风格中比较具有个性的一种组合 ◎黄色和红色基本不会使用艳丽的色调，多为深色调，与类似色调的蓝色组合形成一种雅致的对比	
大地色 + 米色	◎源自美式乡村风格的一种现代美式配色方式，米色可做背景色或与白色结合，大地色系最常用在主要家具以及地面上 ◎与美式乡村风格不同的是，这里的家具款式仍然厚重，但造型更简约	

设计必修课 · 室内色彩与图案设计

现代美式风格常用色彩搭配		
大地色＋绿色/蓝色	◎用绿色搭配大地色，能够塑造出比较具有田园气息的氛围 ◎用蓝色搭配大地色，能够很好地互相平衡，具有高级的感觉	
黑、白、灰组合	◎此种配色方式是具有简约感和都市感的现代美式配色方式。可以用白色或灰色涂刷墙面，如果空间足够宽敞，黑色也可装饰部分墙面。小空间中黑色主要是做主角色、配角色或点缀色使用的	
白色＋灰色＋多彩色	◎此种配色中，墙面通常会使用灰色，不如白色明快，因此会加入一些彩色组合来活跃氛围，比如类似色、对比色、多色组合等，是比较具有活力感的一种配色方式	

（6）现代美式风格代表性图案设计

自然元素图案

在现代美式家居中，延续了美式乡村风格图案设计的特征，仍然会使用一些带有自然元素的图案，如花、鸟、鱼、虫等，不同的是图案不再要求过于严谨，一些水墨类的、带有写意感的图案也可以选择。

自然元素图案

自然元素图案

几何图案

采用几何图案做装饰，体现出了现代美式风格融入了现代设计手法的特点。这里所用的几何图案，除了常规的三角形、菱形、圆形等，还有一些并不限于规整结构的类型，如带有弧度的菱形组成的图案等。

几何图案　　　　几何图案

（7）现代美式风格配色与图案实战案例解析

配色设计剖析：

　　本案例配色设计以白色、蓝色作为主色，营造出通透又清新的基调，再用棕色和黑色组合的家具来增加稳定感，并形成了律动感。而高明度红色、蓝色的使用，增添了一些开放感，搭配几何图案，展现出了现代美式的现代感和简洁之美。

客厅墙面使用淡蓝色涂刷墙面，使面积不大的客厅看起来更宽敞、明亮。家具以棕色和黑色结合，展现出一些复古气质。图案集中设计在墙面和地面，选择了鸟类和几何图案结合，具有显著的现代美式特征

书房区内，大件的家具以白色为主，力求减少压抑感，而小件家具以棕色和黑色结合，则使空间重心更稳定

到了餐厅区域中，墙面变成了红色，这种色彩具有刺激食欲的作用，与大地色和黑色组合的家具搭配，复古又时尚

卧室面积较小，墙面选择以米色搭配白色为主，来彰显宽敞感和温馨的氛围，同时又与整体设计呼应。将蓝色应用在部分墙面和床品上，搭配折线形条纹图案，活跃了配色的节奏

9. 田园风格的色彩与图案

(1) 田园风格特点

　　一切以田地和园圃特有的自然特征为形式手段，给人亲切、悠闲、朴实感觉的家居都可以称之为田园风格，其设计的核心是回归自然。田园风格广义上包含了法式田园风格、英式田园风格、美式田园风格、韩式田园风格等多种类型，其中美式和法式可归纳到乡村风格中，因此目前较受欢迎的田园风格是英式和韩式。

　　英式田园风格和其他田园风格一样，会大量使用木材等天然材料来凸显自然风情，同时善用带有本土特色的元素来装点空间，体现出带有绅士感的英伦风情。

　　韩式田园风格没有明确的标准，因此具有唯美、简约、优雅特点的田园风格均可定义为韩式田园风格。它善于营造女性的柔美感，因此在色彩以及材料的选择上均带有强烈的女性化特征。

（2）田园风格常用色彩搭配

英式田园风格

本木色在英式田园风格中的出现比例较高，背景色、主角色均会用到；红色、绿色在英式田园风格中的色调多为暗色调、浊色调，常出现在软装布艺之中。

	英式田园风格常用色彩搭配	
本木色	◎由于木材使用率非常高，因此本木色也非常常见，常用于软装家具和吊顶横梁的装饰之中，通常是作为主角色使用的 ◎此种配色方式能增添自然、健康的氛围	
本木色＋白色＋绿色	◎白色通常用在顶面和部分墙面上 ◎绿色通常用在家具、布艺或主题墙部分 ◎木色常用来装饰地面，可以凸显英式田园风格的质朴感	
比邻色点缀	◎与美式乡村风格类似的是，英式田园风格中也会用到来源于国旗的比邻配色 ◎这种配色的表现比美式乡村风格更加直观，会直接选择米字旗图案，常用在布艺家具以及抱枕等部位	

韩式田园风格

　　韩式田园风格的色彩着重于体现浪漫情调，基本都会大量地使用白色为背景色。在配色中，女性色彩出现的频率较高，如粉色、红色；纯度较高的黄色、绿色、蓝色也会经常出现。

韩式田园风格常用色彩搭配	
白色＋米色＋粉色／红色	◎白色作为主色会大面积地运用于顶面、墙面甚至是家具上 ◎粉色／红色通常会以图案的方式呈现，用在壁纸、布艺等位置 ◎此种色彩组合方式唯美而具有女性特点 
白色＋粉色／红色＋绿色	◎此种配色方式源自自然界中花朵的颜色，是韩式田园风格的代表配色方式 ◎粉色／红色以花卉或者带有花朵的图案出现最佳，与绿色虽然是对比色组合，却不会觉得刺激 ◎粉色／红色宜使用低纯度的色调，例如淡浊色调或浊色调 
女性色彩组合	◎除了常用的粉色外，大量糖果色、流行色也常用在韩式田园风格家居中，如苹果绿、柠檬黄、岛屿天堂蓝等 ◎这类色彩大多干净、明亮，暗色调的配色不适合出现 

（3）田园风格代表性图案设计

英式田园风格

　　英式田园风格中会较多地使用代表性的条纹、格子图案，除此之外，彰显英伦风情的米字旗图案也应用得较多，而柔美的碎花使用频率则不是非常高。这些图案通常会通过壁纸、布艺或家具来呈现。

米字旗图案　　　　　　　　　　　　　　　　　　　格子图案

韩式田园风格

　　在韩式田园风格中，除了田园风格通用的代表性条纹、格子和碎花图案外，代表轻盈与美丽的蝴蝶图案出现的频率也非常高。与英式田园风格不同的是，在韩式田园风格家居中，碎花图案的使用频率非常高。

碎花图案　　　　　　　　　　　　条纹图案　　　　条纹图案

（4）田园风格配色与图案实战案例解析

配色设计剖析：

本案例以配色和图案结合的方式来展现英式田园风格的特点。色彩搭配以木本色和同色系的棕色为主色，少量比邻色做点缀，以实木材质为依托展现色彩，凸显出了田园印象；同时又采用米字旗图案、花朵图案的壁纸和布艺来展现英伦风范。

设计师： 周晓安　　　　　　　　　　　　　　　**设计机构：** 周晓安设计事务所

沙发区的家具以深棕色为主，搭配蓝色做调节，具有典型的英式田园风格特点。沙发上用比邻配色的米字旗靠枕装点，强化英伦气质的同时也平衡了沙发的厚重感

墙面以米色为基调，既有很好的容纳力又不会显得过于直白，同时还具有绅士般的气质

餐厅墙面用棕色底的花朵壁纸做装饰，与木质家具搭配，生动地展现出了田园风情

虽然卧室内主题墙和床均为黑色，但在充足的光照以及图案的调节下，不仅没有压抑感，反而具有一种高级的气质

10. 地中海风格的色彩与图案

(1) 地中海风格特点

　　物产丰饶、长海岸线、建筑风格多样化、日照强烈，这些因素使得地中海风格具有自由奔放的个性。地中海风格的基础设计元素是明亮、大胆、色彩丰富、简单、民族性、有明显特色。呈现地中海风格不需要太多的技巧，而是保持简单的意念，捕捉光线，取材大自然，大胆而自由地运用色彩、样式。在选色上，它一般选择直逼自然的柔和色彩；在组合设计上注意空间搭配，充分利用每一寸空间，流露出古老的文明气息。

（2）地中海风格常用色彩搭配

蓝色系

以蓝色系装点地中海风格有两种方式：一种是最典型的蓝+白，这种配色源自西班牙，延伸到地中海的东岸希腊，白色的村庄、沙滩和碧海、蓝天连成一片，就连门框、楼梯扶手、窗户、椅面、椅脚也都会做蓝与白的配色，加上混着贝壳、细砂的墙面，小鹅卵石地面，拼贴马赛克、金银铁的金属器皿，将蓝与白不同程度的对比与组合发挥到极致；另一种是蓝色与黄、蓝紫、绿色搭配，呈现明亮、漂亮的组合。

蓝色系		
蓝色 + 白色	◎源自希腊的白色房屋和蓝色大海的组合，具有纯净的美感，是应用最广泛的地中海配色 ◎白色与蓝色的组合犹如大海与沙滩，源自自然界的配色使人感觉非常协调、舒适	
蓝色 + 白色 + 米色	◎属于蓝白组合的衍生配色，用米色代替部分白色与蓝色组合做主色，与白色和蓝色的组合相比，用米色显得更柔和一些，并且能与白色形成微弱的层次感，使整体配色更细腻	
蓝色 + 对比色 + 白色	◎用蓝色搭配它的对比色，包括黄色、米黄色、红色等，视觉效果活泼、欢快 ◎可用黄色或白色做背景色，蓝色做主角色，也可以颠倒过来，而红色主要是做点缀色使用，与蓝色和白色组合	
蓝色 + 绿色 + 白色	◎此种配色方式仍然是以白色与蓝色为主，加入一些绿色，源自大海与岸边的绿色植物，给人自然、惬意的印象，犹如置身于海边的树下乘凉，使人心情舒畅	

大地色系

　　北非海岸线特有的沙漠、岩石、泥土等天然景观，呈现浓厚的土黄色、红褐色等大地色系色调，搭配北非特有植物的深红色、靛蓝色，散发出一种亲近土地的温暖感觉。

大地色系	
大地色组合	◎属于典型的北非地域配色，呈现热烈的感觉 ◎大地色包括土黄色系或棕红色系，还可扩展到旧白色、蜂蜜色 ◎具体设计时，红棕色可运用在顶面、家具及部分墙面，为了避免过于厚重，也可结合浅米色进行搭配
大地色系＋白色	◎地中海风格使用的大地色多为土黄色或者褐色，扩展来说还有旧白色、蜂蜜色等 ◎色彩源于北非特有的沙漠、岩石、泥土等天然景观的颜色，大地色组合具有亲切感和浩瀚感
大地色＋米色	◎用柔和的米色与厚重的大地色系组合，具有一些明度对比，但是并不让人感觉激烈，整体效果兼具厚重感和温馨感，两种颜色有一部分非常类似，所以非常具有稳定感
大地色＋蓝色＋白色/米色	◎大地色系搭配蓝色和白色/米色组合，是将两种典型的地中海代表色相融合，兼具亲切感和清新感 ◎追求清新中带有稳重感，可将蓝色作为主角色，白色/米色作为背景色；若追求亲切中带有清新感，可将大地色作为主角色

（3）地中海风格代表性图案设计

海洋元素图案

　　最具地中海代表性的图案，莫过于带有海洋元素的类型，包括以船、船锚、船舵、灯塔、游泳圈等为元素的图案，以及以各种海洋生物为元素的图案。这些元素不仅会以平面式图案出现，还会用在工艺品、挂饰上，以立体式的图案来彰显地中海特点。

海洋元素图案

海洋元素图案

格子、条纹图案

　　地中海风格具有一定的自然类风格特点，因此适用于田园风格家居中的格子、条纹图案也同样会在地中海风格的家居中出现，通常会用在壁纸、布艺家具以及布艺织物中。

伊斯兰装饰图案

　　此类图案源于北非、西班牙、西西里岛等地的摩尔文化，它将波斯色彩带到了地中海沿岸。在家居空间中最常用蔓叶装饰纹样来展现，极具异域神秘风情，常用在布艺装饰上。

条纹图案

伊斯兰装饰图案　　　　伊斯兰装饰图案

（4）地中海风格配色与图案实战案例解析

配色设计剖析：

　　本案例以蓝、白色组合为主色，地面部分使用了亲切的大地色，展现出了爱琴海海岸的风情。为了避免单调感，加入了一些蓝色的对比色来调节氛围，如红色、黄色等，使空间配色更自由、奔放。同时还搭配了具有典型地中海特点的海洋元素图案，来凸显风格特征。

设计师：赖志广　　　　　　　　　　　　　**设计机构：**赖工设计机构

客厅中无论是蓝白为主的配色方式，还是墙面上的拱形造型，亦或是布艺上的海洋元素图案和格子图案，均展现出了浓郁的地中海特点

餐厅需要一些活跃的气氛，才能具有促进食欲的作用，因此墙面保留了白色，减少了蓝色的使用，而增加了黄色和红色，塑造出了具有奔放感的氛围

过道较窄，需要显得宽敞一些，因此墙面延续了客厅的设计，以淡蓝色为主。地面的仿古砖做了拼花设计，起到了活跃气氛的作用，也使风格特点更突出

厨房的配色方式与公共区呼应的同时做了变化，将蓝色换成了蓝绿色，与墙面上的棕色和蓝色组合拼花仿古砖搭配，展现出了自然、惬意的感觉

11. 东南亚风格的色彩与图案

（1）东南亚风格特点

　　东南亚风格因其历史的发展特点，既有东南亚民族岛屿特色又兼容了一些东方和西方的文化元素，是一种多样化的风格。东南亚地区雨林面积广阔，在进行室内装饰时又多取材于自然，因此较多地运用木材和其他的天然原材料，如藤条、竹子、石材、青铜和黄铜等。家具多为深木色的家具，局部会采用一些金色的壁纸、丝绸质感的布料。

　　东南亚地处热带，气候闷热潮湿，在家居装饰上用夸张艳丽的色彩冲破视觉的沉闷，常见红、蓝、紫、橙等神秘、跳跃的源自大自然的色彩。色彩艳丽的布艺装饰是自然材料家具的最佳搭档，标志性的炫色系列多为深色系，在光线下会变色，沉稳中透着点贵气。

（2）东南亚风格常用色彩搭配

大地色系 ▶

　　东南亚风格中较多地使用自然类的材料，而这些材料又多使用本色，因此大地色系的使用频率非常高。做此种配色时，可将各种家具包括饰品的颜色控制在棕色或咖啡色系范围内，再用白色或米黄色全面调和。

大地色系		
大地色 + 白色 + 米色	◎此种配色方式中，白色、米色组合起来和大地色的比例相差不多 ◎是最具有素雅感的东南亚风格配色，它传达的是简单的生活方式和禅意	
大地色 + 白色	◎用大地色和白色组合，以大地色为主色或以白色为主色均可，为了避免色相上的单调感，可少量点缀一点其他色彩做调节	
大地色 + 绿色	◎用绿色搭配大地色，是具有看到树木般亲切感的配色方式。东南亚风格中的此种配色，通常是用大地色做主色，绿色和大地色之间的明度对比宜柔和一些	

浓郁或艳丽的彩色

此种配色方式仍然离不开大地色的基调，浓郁或艳丽的彩色通常是用泰丝材质的布艺来呈现的，而后搭配黄铜、青铜类的饰品以及藤、木等材料的家具，是东南亚风格中具有代表性的配色方式。

浓郁或艳丽的彩色	
大地色 + 冷色	◎以大地色系做主角色，冷色做部分背景色、配角色或点缀色 ◎冷色使用的多为深色调，常用的为孔雀蓝、青色、宝蓝色等，能够强化东南亚风格的异域风情，并增添一些清新的感觉
大地色 + 紫色	◎以大地色为基调，搭配紫色，具有神秘而浪漫的感觉，展现一种具有神秘感的异域风情 ◎在东南亚风格中，紫色多通过泰丝或者布艺来表现，不同角度有不同的色泽，也可以加入紫红色调节层次
大地色 + 对比色	◎为了缓解大地色的厚重感，还会出现用对比色做点缀色的情况，例如在大地色的家具上使用红色、绿色的软装饰组合
大地色 + 多色	◎以大地色作为主色，与紫色、黄色、橙色、绿色、蓝色等色彩中的至少三种组合，这些艳丽的色彩通常以点缀色的形式出现 ◎是最具魅惑感和异域感的色彩搭配方式，最能彰显东南亚风格的特点

（3）东南亚风格代表性图案设计

雨林植物图案

热带雨林中的植物图案是非常具有东南亚风格的，如棕榈叶、花草图案等。此类图案色彩大多为同色系组合，非常协调，多以墙面壁纸、靠枕或床品的形式呈现。

雨林植物、动物图案

雨林植物图案

禅意图案

东南亚具有独特的宗教和信仰，带有浓郁宗教情结的图案也较常使用，此类图案均具有禅意风情，例如佛像、佛手等，大多作为点缀出现在家居环境中。

禅意图案

"象"图案

在东南亚地区，大象是神明的象征，十分具有民族代表性，因此在装饰居室时，大象图案的使用频率也很高，它可以出现在靠枕等布艺上，也可以是立体的摆件装饰。

大象图案

（4）东南亚风格配色与图案实战案例解析

配色设计剖析：

　　本案例将大地色作为主色，再穿插使用浓郁的孔雀蓝、绿色、红色等色彩，来展现东南亚风格的特点。而一些雨林元素的图案使东南亚风格的地域特点和民族特色更突出，如沙发上的棕榈叶靠枕、休闲区地毯的泰式图案、主卧床头墙的植物图案壁纸等。

客厅和休闲区为挑高式结构，因此较多地使用了大地色，既能展现东南亚风格的特征，又可以避免寂寥感。一些浓郁色彩的点缀，增添了欢快的节奏，使人犹如置身于斑斓的雨林之中

沙发区的家具都比较朴素，选择植物图案为主的多彩靠垫和地毯做装饰，打破了这种朴素感，又不会让人感觉过于突兀和刺激，反而具有浓郁的自然气息

餐厅面积相对较小，彩色仅做少量点缀，更多的是淡雅的米色和质朴的棕色，配以宗教元素图案的木雕壁画装饰，渲染出十足的禅意

卧室内墙面以大地色和绿色为主的雨林图案壁纸做装饰，彰显风格特征，床品的图案与其做了呼应，强化了整体感，而柔软的白纱幔则平添了一分浪漫感

12. 日式风格的色彩与图案

（1）日式风格特点

　　日式风格又称和风、和式，源于中国唐朝时期，因此具有一些中式风格的影子。传统的日式家居将自然界的材质大量运用于居室的装修、装饰中，不推崇豪华奢侈、金碧辉煌，重视实际功能，以节制、禅意为境界。

　　因选材的特点，日式风格的室内设计中色彩多偏重于原木色以及竹、藤、麻和其他天然材料颜色，形成朴素的自然风格。

　　造型方面，日式风格多运用几何学形态要素以及单纯的线和面的交错排列处理，避免物体和形态突出，彰显简洁感和质朴感。

（2）日式风格常用色彩搭配

　　日本传统美学对原始形态十分推崇，取材多为自然类材质，因此在日式家居中原木色是一定会使用的一种主色。此类色彩装饰空间可以彰显干净、朴素的韵味，同时形成一种怀旧、回归自然的氛围。

原木色		
木色 + 白色 / 米黄色	◎木色可大量运用在家具、门窗、吊顶之中，同时用白色做搭配，可以使空间显得更干净 ◎如若喜欢更加柔和的氛围，可将白色全部或部分更换为米黄色	
木色 + 无彩色系	◎使用白色作为吊顶和墙面配色，再用灰色作为地面配色，可营造出朴素而不乏细腻感的装饰效果 ◎木色常作为家具、木搁架的色彩，黑色则可以少量点缀在布艺装饰中，丰富配色层次	
木色 + 白色 + 黄绿色 / 蓝色	◎浊色调的黄绿色柔和中又带有生机，与木色属于类似型配色，用其与白色和木色搭配，可强化日式空间的自然感 ◎在白色和木色塑造的空间中，加入浊色调蓝色点缀，可以提升空间的通透感	

（3）日式风格代表性图案设计

日式传统图案

此类图案具有浓郁的日式民族特征，使人看到图案的第一眼就能够联想到日式风格，包括：樱花、海浪、团扇、浮世绘、日本歌舞伎、鲤鱼和仙鹤图案等，此类图案大多构成比较复杂，但却具有很强烈的装饰效果，使用时需注意面积的控制。

水墨图案

色彩淡雅的水墨图案，与木色为主的日式家居搭配也非常协调。这种图案可以用在壁纸、装饰画或靠枕上，能够为空间增添艺术气质。

水墨图案

（4）日式风格配色与图案实战案例解析

配色设计剖析：

　　本案例大量地运用木质材料来展现日式风格对原始形态的推崇；色彩设计以浅木色搭配白色做主色，中间加入灰色做调节，非常素雅。图案设计上没有具象地使用日式传统图案，而是以中式水墨图案搭配和式图案来展现风格特点。

设计师：林新闻、陈龙　　　　　　　　　　　　　　　　设计机构：福建品川设计

客厅中顶面和墙面大量使用白色来凸显宽敞、通透的感觉，地面和家具则以浅木色为主，展现日式特征。为了调节层次并凸显禅意，主沙发选择了灰色系。图案设计简洁而大气，仅选择一幅水墨画做装饰，为客厅增添了艺术气质

过道作为过渡区域实现了客厅和餐厅的完美衔接，墙面色彩与两部分呼应，地面则用灰色石板代替了两侧的木质地板，丰富了色彩的层次，还兼具划分区域的作用

餐厅中更多地使用了浅木色，展现出了干净、朴素的韵味。图案设计与造型相结合，采用了具有和式造型特征的门和柜体，来彰显日式特点

卧室中墙面大量地使用白色，木色集中在地面、门以及家具上，图案则运用在了电视墙和门扇上，具有日式特征但不会显得过于突出。整体设计整洁而不乏温馨感

思考与巩固

1.家居空间的设计中，常用的风格都有哪些？它们的色彩有哪些具有代表性的组合方式？

2.常用的家居风格中，图案设计方面都有哪些代表性元素？

商业空间的色彩
与图案设计

第五章

商业空间面对的人群较广泛，进行此类空间的设计时，
应结合其具体的使用功能和面对的人群来进行配色和
图案选择，如办公空间总的来说需要避免过于刺激的
感觉，而娱乐场所则与之相反，恰恰需要能够调动人
兴奋感的设计。了解不同场所设计侧重点的不同，对
设计工作者来说是必备的基础素养。

扫码下载本章课件

一、办公空间色彩与图案设计

学习目标	本小节重点讲解办公空间中的色彩与图案设计。
学习重点	了解在办公空间中如何进行色彩搭配和图案的选择。

1. 办公空间的色彩设计

（1）色彩设计应满足功能要求

　　色彩具有明显的心理和生理效果，因此在色彩设计时应首先考虑功能上的要求。办公空间的色彩要给人一种明快感，这是办公场所的功能要求所决定的。在装饰中，明快的色调可给人一种愉快的心情，还能给人一种洁净之感。色系搭配选择，可依据企业风格与特征考虑整体的企业形象策划，并以现场空间环境特点去做整体上的颜色搭配，从而创造出完整、高效的办公环境。

∧ 开敞式办公区中虽然大地色和灰色占据了较多的背景色面积，但其中也融入了白色做调节，整体效果非常明快、舒适

（2）符合构图法则

　　办公空间的色彩设计还应充分发挥色彩的美化作用，其组合形式必须符合形式美的原则，正确处理协调与对比、统一与变化、主景与背景、基调与点缀等各种关系。

　　●基调：办公空间的色彩基调以素雅、自然为宜，形成一种轻松自然的办公环境，从而有利于工作效率的提高。

　　●统一与变化：一般大面积的色块不宜采用过分鲜艳的色彩，小面积的色块则宜适当提高明度和彩度。这样，才能获得较好的统一与变化效果。

∧ 工作区以白色、灰色组合为基调，搭配木质为主的办公桌，素雅而时尚

∧ 办公区中，主色调为无彩色系和木色，紫色、绿色、蓝色等彩色小块面加入进来，体现了统一与变化

● 稳定感与平衡感：在办公空间的色彩设计中，常采用颜色较浅的顶棚和颜色较深的地面，而采用较深的顶棚往往是为了达到某种特殊的效果。

● 韵律感与节奏感：室内色彩的起伏要有规律性，宜有规律地布置办公桌、资料柜、沙发、设备，并有规律地运用装饰画和饰物，以获得良好的韵律与节奏感。

∧ 顶面使用浅灰色，地面则搭配了棕色系，获得了很好的平衡和稳定感

∧ 休闲区在素雅的基调上，选择了橙色系的家具，满足了不同区域的需求，并形成了韵律和节奏感

（3）较为流行的办公室配色法

以黑白灰作为主调

以黑白灰作为主调，外加一两种鲜艳颜色的配色，是一种易于协调而又醒目的配色方案，既鲜艳又不会太花哨。鲜艳的部分，应选取企业形象的代表色，使色彩具有一定的象征意义。

∧ 办公区以黑、白、灰为主，加入纯度较高的黄色和橙色，醒目、协调但不花哨

以木材或石材的自然色为主调

　　以木材或石材的自然色作为办公空间配色主调，色彩同样较为柔和。浅黄色的枫木、象牙木，优雅柔和，适合装饰一些高雅的新式办公空间。

< 白色与木色搭配构成办公区的主调，素雅而柔和

用中性色作为主调

　　用优雅的中性色作为主调构成整个环境气氛，色彩丰富而不艳丽，适合食品和化妆品等行业的办公空间。通常的方法是适当使用黑白色或类似的深浅色，并在饰物和植物布置时用适量的鲜艳色来活跃环境气氛。

< 以白色搭配绿色作为办公区的主调，具有活力但并无刺激感，少量黄色的加入丰富了配色的层次

黑、白、灰配色设计

　　全部装修包括办公家具都用黑白灰的配色方案，是一种优雅、理性的用色。黑白灰比例上的不同，也影响着办公空间的性格特征。白色为主色，衬以黑色、灰色，有清雅、纯净和柔美的感觉；黑色为主色，衬以少量白色、灰色的配色，有稳重、严肃和深沉的感觉；以灰色为主色调，配以少量黑色和白色的配色方案，则自朴实和安定的感觉。

< 空间以白色为主，搭配灰色和黑色做点缀，清雅、纯净而个性

现代派及后现代派配色设计

现代派及后现代派的办公空间配色设计，大量采用鲜艳和明亮的对比色，或用金银色和金属色，一般用于娱乐业、广告业、IT业等办公空间。这种配色设计的关键是如何避免在其中工作的员工过于疲劳。

﹥ 在素雅的基调上，加入蓝色和黄色的对比色组合，彰显出十足的活力感，非常符合快递公司的企业形象

2. 办公空间的图案设计

在办公空间中，通常采用大面积的色块组合或以"线"为主的图案来活跃氛围、增添层次，很少会大面积地用某种花纹明显的图案来装饰空间。这类图案多做点缀，如少量地用壁纸、靠枕、装饰画、手绘墙等，不会像居住空间一般，大量地运用图案来丰富层次。

以色块组合构成的几何图案地毯　　　　以"线"和"面"为元素组成的装饰画

3. 办公空间配色与图案设计实战案例解析

配色与图案设计剖析：

　　本案例从人、城市与空间的和谐关系入手，以地域性的"山"字提取造型和图案的设计元素，并将互联网公司所需的"现代、创意、时尚、活力"等特点巧妙地融入空间中，黑白灰的主色调点缀充满活力的绿色及黄色，打造出富有趣味的办公空间。

　　开放办公区的设计，使办公氛围更加公正而友好，再配上鲜黄色的点缀，空间充满了活力。会议室中，布满平面字体排版的墙面，凸显了互联网创意公司员工们的年轻和个性。

作为门面的接待台区域以白、灰为主调，黑色为辅助色，橙色和黄色做点缀，时尚而具有活力。无论是 LOGO 还是镂空墙面的设计，均展示出了"山"字的主题设计元素

开放的头脑风暴区，在白、灰、黑的基调下，加入了纯度较高的橙、黄、红等暖色，搭配造型不拘一格的会议讨论台、可随意组合的沙发，使员工可以无拘无束地释放创造力

会议室的色彩在与整体基调保持一致的基础上，增加了作为企业形象色的黄色的使用面积，用些许的活力感来刺激思维和创意

开放办公区中，仍采用了白、灰、黑的组合，使办公氛围公正而友好，再配上鲜黄色的点缀，充满了活力，员工也可以在这里尽情地交流互动

通往二层主管办公区的楼梯墙面，用多彩的铅笔和橡皮筋为员工打造了一面可以玩耍的墙面，即可放松心情又可激发员工的创造力

思考与巩固

1. 在办公空间中，应如何进行配色与图案设计？

2. 目前办公空间常用的流行配色方法有几种，分别适合什么类型的办公空间？

二、餐饮空间色彩与图案设计

学习目标	本小节重点讲解餐饮空间中的色彩与图案设计。
学习重点	了解在不同类型的餐饮空间中，如何进行色彩搭配和图案的选择。

1. 中餐厅色彩与图案设计

（1）中餐厅的色彩设计

中餐是中式烹饪艺术的体现，中国人的用餐场面是热闹的，红红火火的场面正是中国人所喜欢的。因此，中餐厅应多运用高照度暖色调进行照明，如选用黄、红、橙等暖色作为主色，再配以白色，能给人以香甜可口的味觉联想，并增进顾客的食欲。中餐厅往往也是一些宴会举办的场所，采用东方人所喜爱的色彩有利于热烈、欢乐环境的营造。在中式餐厅设计的色彩语言中，红色代表热情欢乐，在餐饮空间用红色或红色的类似色做背景，可以避免空间的主基调走向晦涩阴沉的方向。

∧ 这是一家蟹肉煲中餐厅，在墙面及栏杆部分，设计师选择了红色和黄色进行装饰，在黑、白基调的映衬下，彰显出热情、欢乐的感觉，同时还能够彰显个性并起到刺激人食欲的作用

（2）中餐厅的图案设计

一个完美的中餐厅，只有中式风格的设计与装修是远远不够的。缺少了视觉中心的设计是不能给顾客留下深刻印象的。因此，在空间和交通的视觉焦点，以及一些墙面的留白部分，可用一些带有中国特色的艺术品和工艺品进行点缀，以丰富空间感受，烘托传统气氛。在中餐厅中，常用到以下装饰图案。

传统吉祥图案

此类图案朴中显美，几千年来以特有的装饰风格和民族语言在民间装饰美术中流行，给向往美好生活的人们带来精神上的愉悦。吉祥图案包括龙、凤、麒麟、鹤、鱼、鸳鸯等动物图案和松、竹、梅、兰、菊、荷等植物图案，以及它们之间的变形组合图案和窗格、窗花等。

中国字画

中国字画具有很好的文化品位，同时又是中餐厅很好的装饰品。中国字画有三种长宽比例：横幅、条幅和斗方，在餐厅装饰中到底用何种比例和尺寸，要视墙面的大小和空间高度而定。也可将字画这种图案形式通过其他材质表现出来，更具个性。

现代图案

除了以上的传统图案外，还有一些现代的图案也可用来装饰中餐厅，例如几何类的块面图案、人物剪影图案等，只要用法得当，也可展现出中餐厅的特点。

传统窗花图案

中国书法元素图案

2. 西餐厅色彩与图案设计

（1）西餐厅的色彩设计

西餐厅的设计注重的是氛围的营造。典型的西餐厅会在整体装饰上极力营造舒适自然的用餐环境，色彩设计一般力求突出异国风情，多以浪漫温馨、舒适为主。

决定色彩时要讲究顺序，从面积大的部分开始，如天花板、墙壁、地面等，这些色彩宜淡雅、舒适一些；鲜艳的颜色要从小处着手，可以把鲜艳的颜色作为突出点来用，这样才能为整个空间装饰起到画龙点睛的效果。

而后在明暗和浓淡上做适当的差别，比如，红、绿的搭配对比过于强烈，会让人的视觉和心理都产生不适，就不适合用来装饰西餐厅。总的来说，西餐厅中颜色数量不宜太多，基本上有2～4种色调就可以了，颜色过多会产生杂乱感，且它们之间会发生冲突，冲淡颜色效果并破坏西餐厅的氛围。

∧ 本案例以米黄色、白色和浅灰色组合为基调，搭配黄绿色和蓝色组合的座椅，塑造出了典雅而清新的氛围

（2）西餐厅的图案设计

西式餐厅离不开西式装饰图案的点缀与美化。不同大小的西式餐厅对图案的要求也是不同的。在一些装饰豪华的较大空间中，无论是平面还是立体的图案装饰都应大一些，数量也可多一些。而面积不大的空间，应选择小尺寸的图案，并减少数量。特别要注意的是，无论何种空间，都应避免过多地使用图案做装饰。用于西式餐厅的装饰图案可以分为以下两类。

西洋绘画

包括油画与水彩画等，它们都是西式餐厅经常选用的艺术品。油画无论大小常配以西式画框，进一步增强西式餐厅的气氛。而水彩画则较少配雕刻精细的西式画框，更多的是简洁的木框与精细的金属框。

装饰图案

西餐厅中的图案设计可分为两类：一是传统类型图案，突出表现曲线和有机形态，同时也包含一些西方人崇尚的凶猛的动物图案如狮与鹰等，还有一些与西方人的生活密切相关的动物图案，如牛、羊等；二是现代类型的图案，形态上多以简洁的设计为主，如人物头像、几何纹理等。

传统曲线图案　　　　　　　　　　　　　　人物头像元素图案

3. 快餐厅色彩与图案设计

（1）快餐厅的色彩设计

快餐厅的色彩设计要反映出"快"这一特点，色彩基调要明亮，给人一种清新愉快的感觉，以促进消费者的消费热情和进餐速度。这种基调可以从墙面、地板、餐桌、餐具、吊顶等各个方面来体现。

快餐厅色彩设计应与不同区域的功能、顾客的心理需求、快餐厅所提供的产品紧密结合在一起。处理色彩的关系一般是根据"大调和，小对比"的基本原则，即大的色块间强调协调，小的色块与大的色块间讲究对比。在总体上应强调协调，但也要有重点地突出对比，起到画龙点睛的作用，主要色调一般不宜超过三色。

在缺少阳光的区域和利用灯光照明的餐饮包房里，可以采用明亮的暖色相，以调节亮度并增加亲切感；在阳光充足的地区和炎热的地方，可多用淡雅的冷色相；在门面招牌、接待区、厕所、电梯间可使用高明度色彩，获得光彩夺目、干净卫生的清新感。

在用餐对象以儿童、青年为主的快餐厅中，可使用纯度较高和鲜艳的色彩，以塑造一种轻松、活泼、自由、快捷的气氛；对于消费人群以成年人为主的快餐厅，可使用纯度较低的各种淡色调，塑造一种柔和、舒适的气氛。

< 这是一个以贩卖牛排为主业的快餐厅，因此整体色彩搭配明快、整洁但不刺激，符合用餐人群的定位和审美需求

< 这是一个类似麦当劳类型的快餐厅，用餐人群主要为孩子和年轻人，所以顶面和墙面采用了较为鲜艳的色彩，以渲染一种轻松、快捷的气氛

（2）快餐厅的图案设计

快餐厅的图案可结合餐厅面对的人群和餐厅本身的企业文化来设计。面对儿童及青年的快餐厅，图案可以几何类、卡通类或连锁企业的特有装饰图案为主，它们可以分布在墙面、家具、装饰画甚至是顶面上；面对成年人的快餐厅，图案的选择不宜过于活泼，除此之外，只要符合人群定位和企业文化的图案均可采用，例如食物、几何图案等，它们可设计在墙面、地面和装饰画等部位。

趣味卡通食物图案

几何图案

4. 咖啡厅色彩与图案设计

（1）咖啡厅的色彩设计

当顾客进入咖啡厅时，第一印象中百分之七十五是对色彩的感觉，因此，巧妙地利用色彩可以刺激视觉，提升咖啡厅的形象，增加浪漫气氛。咖啡厅的配色设计应以人为本，从整体上入手，准确掌握色彩美的形式法则，营造舒适、愉悦的氛围。在进行咖啡厅的色彩设计时，应注意以下几方面的内容。

不同类型的咖啡厅对色彩要求也不同

商务型咖啡厅在色彩方面应该表现出格调高雅，一般建议选用冷色，使人感到宁静、安定，再用少量中性色做调和；休闲型咖啡厅是一个小憩、看书、写作、会客的环境，色彩感觉应是安静但略带活泼感的，可使用绿色或蓝色塑造安静、舒适的大氛围，再使用些浅色调的、明度较高的色彩米活跃气氛，如米黄色；复合型的咖啡厅吸引的是艺术家或者发烧友，所以在色彩选择上要更有艺术性和创造性，无论是色彩的明度还是纯度，都要达到赏心悦目、独特离奇的效果。

∧ 商务型的咖啡厅整体配色比较高雅，宁静而温馨；复合型的咖啡厅配色比较个性，在无彩色系背景下使用多种彩色碰撞，以展现独特、离奇的效果

要考虑民族、地区和气候条件等因素的影响 ▶

咖啡厅的色彩设计还要符合当地大众的审美要求，要了解不同民族、不同地理环境的特殊习惯和气候条件。另外，还应考虑环境因素，色彩还应与周围环境相协调。

注意空间的大小、形式因素的影响 ▶

例如空间过高时，可选用饱和度较高的色彩，以减弱空旷感。咖啡厅的朝向对色彩的应用也是影响很大的，如朝北的空间会有阴暗沉闷之感，可采用明朗的暖色等。

（2）咖啡厅的图案设计

在满足照明和环境需要的基础之上，可以选择一些比较个性的造型和图案来装饰咖啡厅，但是又不能太过个性。造型宜以圆润为主，不可太尖锐。在设计咖啡厅时，壁纸是一个很好的展示图案的媒介，可以利用其图案丰富、价格适宜等特点来烘托咖啡厅的气氛。除此之外，还可较多地使用装饰画和靠枕等做图案装饰。

米字旗图案，符合咖啡厅主题

5. 餐饮空间配色与图案设计实战案例解析

配色与图案设计剖析：

为了体现此餐厅的中式特点和所在区域特点，设计师将"滩涂之美"定为了本案例的设计理念。配色设计方面以无彩色系的灰色、白色组合搭配棕色系木质为主色，点缀极具中式特点的红色，朴素而又富有视觉冲击感。图案设计既具有中式韵味又具有粗犷感，体现出了新式中餐厅的多元化美感。

常用于墙面的毛石，被设计师创造性地运用于前台的装饰。粗犷、自然、质朴的灰色毛石，与细腻的棕色木质组合，从细部强调了空间肌理感，也让"滩涂之美"更加立体

楼梯间以灰色为主调，用纹理变幻莫测的肌理漆呈现，搭配棕色经过烧焦处理的炭化木，完美体现新东方风格餐厅的复古乡村味道

不同就餐空间的隔断，采用中国古典风格的镂空隔断门，既保证了一定的私密性，又维持了空间的通透感

红色是中餐厅具有代表性的色彩，这里将红色用在了桌布上，搭配中式传统图案和圈椅，彰显浓郁的复古气质

思考与巩固

1. 餐厅空间有几种常见类型？色彩应如何搭配设计？

2. 在不同类型的餐厅中，图案应如何选择搭配？

三、商业酒店色彩与图案设计

学习目标	本小节重点讲解商业酒店空间中的色彩与图案设计。
学习重点	了解在商业酒店空间中,如何进行色彩搭配和图案的选择。

1. 商业酒店色彩设计

　　酒店室内环境色彩设计应注重整体性原则,首先需确定一个主色调来表现酒店室内环境色彩设计主题,每种主色调都要通过两种以上色彩搭配形成统一、和谐的环境,表达出空间主题,而后根据不同空间的功能性,在保持主色调的前提下,进行具体的色彩搭配。

(1) 大堂的色彩设计

　　大堂不仅是一个提供公共活动场所的空间,更是一个突出酒店设计主题的视觉焦点,一般通过热烈、亲切的色彩布置在第一时间给客人造成一定的视觉冲击。当代风格的酒店一般通过简练的色彩来凸显大气、个性的环境氛围,而传统风格的酒店入口则更偏向于选择具有渐变韵律的暖色系,彰显其高贵、典雅、独特的气质。

　　服务台一般根据酒店的主题选择不同材质和色彩,常以黑色或棕色的大理石、花岗岩、木材、皮革等材质为主,服务台工作区域后面常设置大面积艺术背景墙,其色彩要与其表现的题材相协调;大堂休息区的色彩一般是通过运用明亮的暖色营造出大方、富丽的感觉。另外,一些民族气息浓郁的酒店,其休息区会运用具有地域代表性的热烈色彩,而少数现代风格酒店则会运用几种深色演绎出简约、精致的环境主题。

∧ 现代风格的快捷酒店,大堂配色设计以黑色、棕色为主,搭配黄色、红色等鲜艳色彩,充分彰显现代感

（2）餐饮区的色彩设计

酒店的餐饮空间是指提供用餐、饮料等服务的区域，如餐厅、茶馆、咖啡吧、酒吧、宴会厅等，是供客人休闲、交流的场所，因此，其色彩设计应主要以欢快、明朗、热烈的暖色调为主，以引起顾客的食欲和消费欲望。

（3）娱乐区的色彩设计

娱乐空间是现代酒店中不可或缺的一部分，是长久吸引客人、获得收益的重要渠道，包括舞厅、KTV包厢、迷你影吧、游戏室等。娱乐空间的色彩设计应充分展示独立的风格特征，彰显强烈的个性形象。其中，大面积色块、背景等一般应采用简洁、淡雅的单色，主要通过五光十色的灯光来营造热烈的气氛。而在一些活跃空间的造型元素中，则可以适当运用具有一定表现力的色彩，从而更加丰富空间视觉层次。

∧ 酒店中的KTV包厢，背景色以灰色搭配棕色，素雅、个性，而后通过各色的灯光来塑造热烈的气氛，并丰富配色的层次感

（4）客房区域的色彩设计

客房是酒店内最核心的功能区域，主要提供睡眠、会客、阅读、办公、洗漱等功能，因此色彩设计应尽量给人舒适、放松、私密的感觉，一般通过中性色或单色调搭配营造出安静、舒适的感觉，尤其是窗饰部分，常采用低调色彩和简洁纹理来突出窗户的明亮和开敞感。同时可运用各种不同织物、陈设品、家具等形成局部小范围的对比色搭配，在安静的主基调上增添几分明快和生动感。

∧ 客房内以米色、棕色及白色为主，整体氛围温馨、安静而舒适

2. 商业酒店图案设计

商业酒店的图案设计没有规定性的原则，在具体选择时，可结合酒店的主题、面对的客户类型、所处区域的特征等因素综合选择。例如民族主题的酒店内，可选择具有该民族特点的图案，用雕塑、壁画、挂饰、布艺、装饰画等装饰于大堂、楼梯间、客房等空间中。需要注意的是，图案的数量宜少不宜多，无论在哪个功能性区域中，大面积的、突出性的图案应慎重使用。

"背包客"酒店，以多彩的各国家和地区的图案做装饰

3. 商业酒店配色与图案设计实战案例解析

配色与图案设计剖析：

　　简约、精致的风格是本案例设计的基本定位，整体配色设计秉承中国传统文化理念"大道至简"，剥掉繁琐无用的装饰，以灰色、白色和浅棕色为主，使整体呈现出干净、利落的氛围，并积极融合现代形态，加入了一些对比色和类似色的组合，在至简之中加入活跃氛围的元素。

酒店大堂的设计充满现代感，配色、墙体花纹等处处透着精妙；大堂右侧为客人临时歇息处，用暖色墙灯配合绿色和木色为主的色彩，家居氛围充斥其间

大堂右侧的书吧区，现代化的装饰与古典怀旧的气息相互融合，质朴的棕色木质材料配以少量对比色的家具，增添了开放感，又不会显得过于喧闹

用餐区看似朴素实则具有很强的生气与适当的活力，如木质墙、木质地面搭配绿色的窗帘和餐具、白色和蓝色组合的餐椅等

在客房区域中，面对不同的居住人群，进行了不同的配色设计，但总的来说都以温馨、宁静的氛围为主。同时，采用了不同类型的图案设计，使整体设计更符合客户的特征

思考与巩固

1. 在商业酒店中，面对不同功能区，应如何进行配色设计？

2. 商业酒店室内空间中的图案，应如何设计？

四、商场色彩与图案设计

学习目标	本小节重点讲解商场空间中的色彩与图案设计。
学习重点	了解在商场空间中，如何进行色彩搭配和图案的选择。

1. 商场的色彩设计

色彩效果对商场的经营有很大影响，根据商场的属性和顾客的爱好、行为习惯来调和商场的色彩，是商场设计中很关键的因素。一般来说，商场宜使用清新明亮的色彩为主色调，而后利用色彩的远近感形成不同层次的色调来修饰空间状态，扩展商场的空间感，构建开阔的视觉效果。

商场的天花可以使用反射率较高的色彩，但不宜太过炫目，否则容易转移顾客的注意力，从而冲淡商品对顾客的吸引力。相应的，地面也不能分散顾客的注意力，可以使用反光性低的色彩，以免喧宾夺主。而被陈列货架倚靠的墙壁，一般都使用淡一些的色彩，例如白色或浅绿色，这样让空间显得比较开阔。

∧ 该商场以白色搭配米色为主调，少量地点缀以黑色，给人明亮、开阔的感觉，可使顾客心情愉悦

﹥ 商场内天花使用反射率最高的白色，地面使用大地色组合，墙面采用深红色，素雅而又具有动感

不同商品有不同的色彩，通过商品之间的搭配，可以形成不同的视觉效果，这在商场色彩设计时可以充分利用。此外，根据商品属性再搭配与之相适应的色彩设计，可以营造更具特色的空间视觉效果。

> 商场的基调以白色组合灰色为主，非常素雅，这就使得商品的色彩非常突出，两者互相衬托，可使顾客的目光集中于商品上，达成促使购物的目的

色彩不仅可以营造视觉效果，还能激发嗅觉和味觉感受。如淡红色、奶油色和橘黄色，有促进食欲的效果，所以很适合在食品类商品区域使用。如果不遵循这种规律，可能会产生相反的效果。

色彩与顾客的心情也有着密切的关系，例如彩色比黑白色更能刺激神经，更能让顾客感到兴奋，更能引起顾客的注意。符合商品特性的彩色能把商品的质感、量感表现得极近真实、更加丰富，可以增强顾客对商品的信任感。

> 鞋类专卖店中，采用了对比色的配色方式来装饰空间。这种设计方式不仅展示了品牌的文化，同时还可引起顾客的注意，使顾客产生兴奋心理，进而产生购买欲和发生消费行为

2. 商场的图案设计

商场是以销售产品为目的的场所，因此，在大多数情况下，图案的设计很少会脱离产品而进行设计，在各个商家的橱窗和宣传位置，多以产品的广告做装饰，因此，可将各类店铺的代表性产品的海报作为图案设计的一部分，留出适合的位置。在等候或交流区域内，有沙发的区域可铺设一些带有图案的地毯，增添舒适性。除此之外，一些大型的商场，在地面或顶面上，可以设计一些具有导航作用的图案或造型来引导顾客，标示走向和空间的位置；小型的专卖店，在需要活跃的气氛时，也可在地面设计一些拼花图案，但不宜过于复杂。

动感几何图案

3. 商场配色与图案设计实战案例解析

配色与图案设计剖析：

　　这是一个综合性的大型商场，设计师将线性元素作为室内设计的概念源泉，并将之作为连接整个项目的纽带。室内各区的线性分割造型，分为 3 种不同的感觉，搭配白色为主的配色设计方式，呈现出造型简练但又有着丰富变化的视觉效果。

　　天花是以几何元素组合而成的图案，配以简洁而强有力的灯带，使空间饱满、不空旷。图案化的肌理更使空间具有活力而不单调，吸引顾客的眼球

　　中庭是点与线的几何式的演绎，洋洋洒洒的斜线与大块面的体块设计形成对比，在偌大的中庭空间中显得有细节而又充满活力

步行街的天花延续了中庭的斜线造型，并与折线相结合，使冗长的步行街有了形态的变化。黑色金属线的点缀，提神又不造作。发光灯箱和镜钢面，很好地延续了斜线的元素，营造了统一的格调

电梯厅美感十足，金色与层次感配合得天衣无缝。水滴状元素的墙面，排列组合式的点缀，让人感受舒适而又时尚的品质生活

思考与巩固

1. 在商场中，色彩应如何进行设计？

2. 适合在商场中使用的图案包括哪些类型？

五、休闲、娱乐空间色彩与图案设计

学习目标	本小节重点讲解休闲、娱乐空间中的色彩与图案设计。
学习重点	了解在休闲、娱乐空间中,如何进行色彩搭配和图案的选择。

1. 休闲、娱乐空间的色彩设计

　　休闲、娱乐空间是指为人们提供休闲消遣的场所,包括量贩式 KTV、慢摇吧、酒吧、商务会所等。营造休闲娱乐空间氛围的手段有很多,色彩是最直观和最具有心理影响力的要素,这里的色彩设计除了可通过材质展现外,还需要依靠灯光效果来烘托。从一定意义上来说,色彩设计是娱乐场所展现特色的地方,色彩结合造型设计可使室内的氛围升华,很容易让消费者融入娱乐空间的氛围中。

∧ 娱乐场所内比较追求对氛围的塑造,搭配暖色灯光可以烘托出舒适的氛围,适合聊天区;搭配彩色的灯光,则可以增添迷幻感,适合娱乐区,更利于消费者融入娱乐氛围中

　　不同的娱乐方式有不同的功能要求,在娱乐空间中,配色手法和空间形式的运用取决于娱乐的形式。总的来说,娱乐场所的色彩建议分区设计,在大堂、大厅及等候区中,色彩要给人一种空间明亮宽阔的感觉,墙面和天花板宜以浅色调为主,给顾客舒适和豁达的感觉,可使用一些暖色调来营造温暖、明朗之感,给客人一个心理上的过渡。

> 设计师在灯光布置上,采用视觉舒适的蓝、紫色光带,避免了眩光。空间墙面以弧形白色为基调,多种彩色光带点缀,使整体空间统一而有节奏

用于娱乐作用的舞厅等区域，可多采用积极的色彩进行装饰，比如，多用纯度和明度较高的暖色材料进行空间装饰，灯光多用红、橙、黄等暖色光，创造出一种振奋人心、积极活泼的环境。为了避免混乱感，在进行休闲娱乐室内空间六面体设计时，应注意色彩轻重的搭配，把握上轻下重的设计原则，使人在视觉上有平衡感。

包房区是一个相对独立、供顾客畅饮畅叙的地方，因此，在色彩选择方面，应该选用具有强烈对比效果的色彩，通过两者之间的对比，达到独特的震撼效果，让顾客可以玩到忘我的境界。灯光设计方面，应该做到有主有辅，有上有下。通过多方位不同的组合，利用不同的灯光色彩，形成一个靓丽的灯光对比效果，让色彩搭配显得落落大方，并放松人们的神经，达到充分娱乐的效果。

∧ 包房中，即使背景的色彩是素净的，也总会使用浓度较高的彩色家具来调节氛围，使人能够兴奋起来，尽情地享受娱乐时光

除了常规性的娱乐场所外，目前还有许多"主题式"的娱乐场所，如主题式KTV，此类空间可以根据所选定的"主题"选好主色调，而后结合不同包厢内的风格，将几种色彩搭配设计，来表现气氛。一定要注意主角色的确定，再选用具有强烈对比效果的色彩，如亮暗对比、冷暖色调对比，这样的色彩搭配可以达到生机盎然的效果。

2. 休闲、娱乐空间的图案设计

休闲、娱乐空间中，图案的设计可从场所的设计主题和不同区域的功能性出发。

在酒吧等没有接待区的场所中，界面上的图案不宜过于突出，数量也应适宜，一些具有个性的图案可以通过靠枕、装饰画等小件装饰来呈现，既能够彰显个性又不会显得混乱。

在 KTV 等场所中，通常是有大堂或接待区的，这些区域中的图案可以集中设计在某个位置上，例如墙面或地面，与造型结合，建议采用大块面的图案或几何图案；而在封闭性的包间内，通常比较昏暗，图案的设计可丰富一些，地面、墙面甚至是卡座都可以带有图案，来烘托喧闹的气氛，但需注意主次的把握。

点状几何图案

块面图案

3. 休闲、娱乐空间配色与图案设计实战案例解析

配色与图案设计剖析：

　　本案例是一个 KTV，消费群体定位以年轻人为主，整体设计凸显活力与时尚感。材质上以大理石地板与不锈钢波纹板上下呼应，配以古典式软硬装陈列，以及灰色、黑色为主的配色设计，营造出了时尚、潮流的视觉感。

　　整个公共空间中，均以黑色、灰色为主色调，加入一些金色和少量红色，体现出了低调奢华的品质。金属与石材的碰撞，搭配大块面为主的图案设计，透露出高端、大气的本质

　　虽然主题色调以黑色为主，但不同区域中主题色调又不尽相同，如等候区的蓝色、一层过道区域的红色等，从细节处体现了设计师的用心和对消费者的重视

二楼包房过道重复性地延续了一层的金属网元素，重叠制作成雕塑、立柱及拱廊，搭配不同明度的灰色，使得空间不仅有典雅与庄严的气质，更有时尚感

在包房区域，仍然延续了公共区的灰色为主的设计形式，但不同的房间中加入了黑色、黄色、红色等做区分，展现出了设计的多元化。图案设计均以几何造型为主，通过平面和立体的组合形式，彰显时尚、个性的气质

思考与巩固

1. 在休闲、娱乐场所中，不同的功能区应如何进行配色设计？

2. 在休闲、娱乐场所中，应如何进行图案的设计？